国家示范性高职院校建设项目成果

机电专业系列

工程力学

（第2版）

李 鸣 主 编
严 丽 副主编

清华大学出版社
北 京

内 容 简 介

本书按照"项目导向、双线并行、模块化"教学模式编写，共分为两个示范项目，6个模块。通过示范项目1学习杆梁类构件静力平衡及承载力：模块1为基础知识学习和基本技能训练，模块2为构件静力问题的分析和解决，模块3为杆类构件承载力的分析与计算，模块4为梁类构件承载力的分析与计算；通过示范项目2学习轮轴类构件静力平衡及承载力：模块5为轮轴类构件承载力的分析与计算；模块6为专题，是知识及能力拓展部分。

本书适用于高职高专院校工科类各专业的教学，也可作为成人高校、电大及其他培训学校等的工科类各专业的教学用书，并可供从事相关专业的人员参考。

本书封面贴有清华大学出版社防伪标签，无标签者不得销售。
版权所有，侵权必究。举报：010-62782989，beiqinquan@tup.tsinghua.edu.cn。

图书在版编目(CIP)数据

工程力学/李鸣主编. --2版. --北京：清华大学出版社，2015 (2025.2重印)
国家示范性高职院校建设项目成果. 机电专业系列
ISBN 978-7-302-38087-0

Ⅰ. ①工… Ⅱ. ①李… Ⅲ. ①工程力学－高等职业教育－教材 Ⅳ. ①TB12

中国版本图书馆CIP数据核字(2014)第221089号

责任编辑：刘翰鹏
封面设计：史宪罡
责任校对：刘　静
责任印制：宋　林

出版发行：清华大学出版社
网　　址：https://www.tup.com.cn，https://www.wqxuetang.com
地　　址：北京清华大学学研大厦A座
邮　编：100084
社 总 机：010-83470000
邮　购：010-62786544
投稿与读者服务：010-62776969，c-service@tup.tsinghua.edu.cn
质量反馈：010-62772015，zhiliang@tup.tsinghua.edu.cn
课件下载：https://www.tup.com.cn，010-62795764

印 装 者：天津鑫丰华印务有限公司
经　　销：全国新华书店
开　　本：185mm×260mm　　印　张：13.75　　字　数：329千字
版　　次：2011年3月第1版　2015年6月第2版　　印　次：2025年2月第8次印刷
定　　价：39.00元

产品编号：062018-02

FOREWORD

第2版前言

教育部在教高[2006]16号文件中指出:"要重视学生校内学习与实际工作的一致性";"探索工学交替、任务驱动、项目导向、顶岗实习等有利于增强学生能力的教学模式"。

本书按照"项目导向、双线并行、模块化"的教学模式编写,在教学中教师带领和帮助学生们共同完成两个"示范项目",学生们分组另外再各自独立完成至少两个"实践项目"(教师可在附录 A、C 中指导学生选择 2～4 个)。"示范项目"和"实践项目"两者是"双线并行"的。

学生除了分组完成若干个"实践项目"外,教师还可布置适量的课后训练任务给学生。

学生们在完成具体项目的过程中学会完成相应工作任务,构建相关理论知识,训练学生们观察分析和解决工程实际问题的能力,培养学生们从工程力学角度出发进行机械设计及制作并提高创新能力,培育同学们的职业岗位能力和职业素养。

根据各自院校的不同情况,使用本书时也可抛开所有项目按照通常(传统)的教学模式组织教学。

本书第 2 版充分保留了第 1 版的特色和基本框架,主要改进如下。

(1) 大幅增加了实践项目,由原来的 6 个增加到 15 个,使得师生有更大的选择余地。

(2) 更换了示范项目 1,使数学计算量简化,更加突出分析计算的方法及思路。把分散的示范项目解答合并整理为"机构设计说明书"放在附录 B、D 中。

(3) 删减了部分内容。增加了型钢表(摘录)。

(4) 重新编写了各模块的小结。

(5) 增加了部分习题答案。

本书由广东轻工职业技术学院李鸣担任主编,严丽担任副主编。李鸣策划了本书的编写思路和方向,编写了示范项目和实践项目及模块 1～模块 5,并进行了解析和计算。严丽编写了模块 6 及课后习题。吴峥强负责项目绘图及动画制作并制作电子课件。李玉红、段晓敏参与了第 2 版的编写。陈宇、陈健铭两位学生也参与了第 2 版的编写,为项目的绘图及动画制作做了大量工作。

本书由广东轻工职业技术学院戚长政教授主审,并提出了许多宝贵意见和建议,在此表示衷心感谢! 本书可提供 PPT 课件及所有项目的解答和机构动画、课程考核方案等,作者联系方式:791521520@qq.com。

限于编者水平,本书会有不当或疏漏之处,敬请使用者批评指正。

编 者

2015 年 2 月

第1版前言

教育部在教高[2006]16号文件中指出:"把工学结合作为高等职业教育人才培养模式改革的重要切入点";"课程建设与改革是提高教学质量的核心,也是教学改革的重点和难点";"要重视学生校内学习与实际工作的一致性";"探索工学交替、任务驱动、项目导向、顶岗实习等有利于增强学生能力的教学模式"。

项目导向教学法将传统学科体系中的知识内容转化为若干个典型的教学项目,围绕着项目组织和展开教学,每个项目又分解为若干个任务,教学项目以工作任务的形式出现,师生以团队的形式共同实施项目内容而进行教学活动,以完成项目/任务为中心,用项目/任务来带动知识点的学习,整个课程的学习需要1~3个大项目。以教师为主导、学生为主体,将"教、学、做"融合为一体,使学生积极地参与学习、自觉地进行知识建构。

"工程力学"是工科类专业一门必修的专业基础课,它与工程实际有着十分紧密的联系,对培养学生的工程素质有着非常重要的作用,许多工科院系都单独开设这门课(至少也包含在机械基础课程里面)。

如何适应高职教育人才培养模式的改革要求,在教学过程中如何应用任务驱动、项目导向教学法,相应的教材如何与教学配套,这是摆在我们面前的课题,我们试图编写一本适应项目导向教学模式的教材。

本书在编写时采用了"双项目(双线)并行模式",并为此分别精心设计了两个课堂上用的教学示范项目和7个课后用的学生实践项目(见附录A)。学生实践项目,前4个项目属于杆梁类机构,主要涉及本教材第1篇知识和技能的学习与训练,达到本教材第1篇的教学目的;后两个项目属于轮轴类机构,主要涉及本教材第2篇知识和技能的学习与训练,达到本教材第2篇的教学目的。教学示范项目和学生实践项目两者是"双线并行"的。

教师可在6个学生实践项目中为学生布置2~3个项目。同时,教师还可补充适量的其他案例和小任务给学生,从而开拓视野、实现综合能力和单项能力的有效训练。课程考核以"能力检验"为主,同时考核"知识迁移"能力。

课堂上两个教学示范项目的完成也意味着本课程的基本结束,应该制作得到看得见、摸得着、具有实际应用价值的实物:两本书(设计说明书)、两张图(机构设计图)、两台模型(设计制作的机构)。

本书由广东轻工职业技术学院李鸣担任主编,严丽担任副主编,吴峥强参编。李鸣创意并策划了本书的编写思路和方向,创编了教学示范项目和学生实践项目并给出了解算思路及要点,编写了第1章至第5章。严丽编写了第6章及所有各章的小结和习题,并进行了教学示范项目和学生实践项目的解算。吴峥强负责项目的绘图(包括动画制作)及制作电子课件。

本书由广东轻工职业技术学院戚长政教授主审,戚教授提出了许多宝贵意见和建议,在此表示衷心感谢!

限于编者水平,加之时间仓促,因此难免有不当或错漏之处,敬请使用者批评指正。

编 者

2010 年 12 月

目录

示范项目 1 "双杠杆手动式冲压机机构的设计与制作项目"任务书 ………… 1

模块 1 基础知识学习与基本技能训练 ………………………………………… 3

  任务 1.1 基础知识学习 ……………………………………………………… 3
  任务 1.2 "力投影计算"的学习和训练 ……………………………………… 6
  任务 1.3 "力矩/力偶矩计算"的学习和训练 ………………………………… 7
    1.3.1 力矩的实例和概念 ……………………………………………… 7
    1.3.2 力矩计算 ………………………………………………………… 8
    1.3.3 力偶的实例和概念 ……………………………………………… 9
    1.3.4 力偶的性质 ……………………………………………………… 9
    1.3.5 力偶系的合成与平衡 …………………………………………… 11
  任务 1.4 力的滑移性与平移性的分析和应用 ……………………………… 12
    1.4.1 力的滑移性(力的可传性原理) ………………………………… 12
    1.4.2 力的平移性(力的平移定理) …………………………………… 13
  任务 1.5 "画受力图"的学习和训练 ………………………………………… 14
    1.5.1 自由体、非自由体和自由度 …………………………………… 14
    1.5.2 主动力与约束力 ………………………………………………… 14
    1.5.3 常见约束类型及约束反力特点 ………………………………… 15
    1.5.4 画受力图 ………………………………………………………… 21
  小结 …………………………………………………………………………… 25
  习题 …………………………………………………………………………… 26

模块 2 构件静力问题的分析与解决 …………………………………………… 31

  任务 2.1 构件平面力系的合成 ……………………………………………… 31
    2.1.1 平面汇交力系的合成 …………………………………………… 31
    2.1.2 平面力偶系的合成 ……………………………………………… 33
    2.1.3 平面一般(任意)力系的合成 …………………………………… 33
  任务 2.2 构件平衡问题的分析与解决 ……………………………………… 36
    2.2.1 力系平衡总则 …………………………………………………… 36
    2.2.2 构件平衡问题的分析与解决 …………………………………… 37
    2.2.3 静定与静不定问题的实例和概念 ……………………………… 44

任务2.3　摩擦平衡问题的分析与解决 …………………………………………………… 44
　　　　2.3.1　对摩擦平衡问题的分析与解决 …………………………………………………… 44
　　　　2.3.2　摩擦角与自锁及其工程应用 ……………………………………………………… 47
　小结 ………………………………………………………………………………………………… 50
　习题 ………………………………………………………………………………………………… 51

模块3　杆类构件承载力的分析与计算 ……………………………………………………… 55

　　任务3.1　构件承载力的基础知识 …………………………………………………………… 56
　　　　3.1.1　变形体及变形形式 ………………………………………………………………… 56
　　　　3.1.2　变形固体及其基本假设 …………………………………………………………… 57
　　　　3.1.3　构件的承载力 ……………………………………………………………………… 57
　　任务3.2　杆件拉伸/压缩的强度条件应用和变形分析计算 ……………………………… 58
　　　　3.2.1　杆件拉伸/压缩的受力特点和变形特点 ………………………………………… 58
　　　　3.2.2　内力与截面法 ……………………………………………………………………… 59
　　　　3.2.3　杆件拉伸/压缩的轴力与轴力图 ………………………………………………… 60
　　　　3.2.4　正应力的分布图及计算式 ………………………………………………………… 61
　　　　3.2.5　杆件拉伸/压缩强度条件的应用 ………………………………………………… 63
　　　　3.2.6　杆件拉伸/压缩变形的分析与计算 ……………………………………………… 66
　　任务3.3　金属材料拉伸/压缩的力学性能及测定 ………………………………………… 69
　　　　3.3.1　低碳钢拉伸 ………………………………………………………………………… 69
　　　　3.3.2　铸铁拉伸 …………………………………………………………………………… 71
　　　　3.3.3　材料压缩 …………………………………………………………………………… 72
　　任务3.4　压杆稳定性的分析与计算 ………………………………………………………… 73
　　　　3.4.1　压杆稳定性的实例与概念 ………………………………………………………… 73
　　　　3.4.2　临界力的概念 ……………………………………………………………………… 73
　　　　3.4.3　临界应力的分析计算 ……………………………………………………………… 74
　　　　3.4.4　提高压杆稳定性的实用措施 ……………………………………………………… 75
　　　　3.4.5　其他形式构件的失稳现象 ………………………………………………………… 77
　　任务3.5　连接件的剪切和挤压强度条件应用 ……………………………………………… 77
　　　　3.5.1　连接件的受力特点和变形特点 …………………………………………………… 77
　　　　3.5.2　连接件的剪切和挤压实用计算 …………………………………………………… 78
　　　　3.5.3　剪切虎克定律 ……………………………………………………………………… 82
　小结 ………………………………………………………………………………………………… 83
　习题 ………………………………………………………………………………………………… 84

模块4　梁类构件承载力的分析与计算 ……………………………………………………… 88

　　任务4.1　梁弯曲的内力及内力图 …………………………………………………………… 89
　　　　4.1.1　梁弯曲的实例和概念 ……………………………………………………………… 89
　　　　4.1.2　剪力和弯矩的分析计算 …………………………………………………………… 90

任务 4.2　梁弯曲强度条件及应用 …………………………………… 97
　　4.2.1　纯弯曲梁的变形和应力分析 ……………………………… 97
　　4.2.2　梁弯曲时正应力分布及计算 ……………………………… 99
任务 4.3　梁弯曲刚度条件应用 ……………………………………… 105
　　4.3.1　梁弯曲变形的实例和概念 ………………………………… 105
　　4.3.2　用叠加法求梁的变形 ……………………………………… 106
　　4.3.3　梁弯曲刚度条件应用 ……………………………………… 107
任务 4.4　提高梁弯曲强度/刚度的实用措施 ……………………… 107
任务 4.5　杆梁类构件拉伸/压缩与弯曲组合变形的强度条件应用 …… 110
小结 …………………………………………………………………… 113
习题 …………………………………………………………………… 114

示范项目 2　"手摇绞车机构的设计与制作项目"任务书 …………… 119

模块 5　轮轴类构件承载力的分析与计算 ………………………… 121

任务 5.1　轮轴类构件的平面解法 …………………………………… 122
任务 5.2　圆轴扭转的强度和刚度条件应用 ………………………… 125
　　5.2.1　圆轴扭转的实例和概念 …………………………………… 125
　　5.2.2　外力偶矩的计算 …………………………………………… 126
　　5.2.3　扭矩与扭矩图 ……………………………………………… 126
　　5.2.4　圆轴扭转的变形分析 ……………………………………… 128
　　5.2.5　圆轴扭转剪应力分布及计算 ……………………………… 128
　　5.2.6　横截面的极惯性矩及抗扭截面系数 ……………………… 129
　　5.2.7　圆轴扭转强度条件应用 …………………………………… 130
　　5.2.8　圆轴扭转刚度条件应用 …………………………………… 132
任务 5.3　圆轴弯曲与扭转组合变形的强度条件应用 ……………… 134
　　5.3.1　圆轴弯扭组合变形的实例和概念 ………………………… 134
　　5.3.2　圆轴弯扭组合变形的强度条件应用 ……………………… 134
小结 …………………………………………………………………… 138
习题 …………………………………………………………………… 139

模块 6　专题 ………………………………………………………… 144

任务 6.1　重心与形心 ………………………………………………… 144
　　6.1.1　重心和形心 ………………………………………………… 144
　　6.1.2　重心的求法 ………………………………………………… 145
任务 6.2　动载荷与交变应力 ………………………………………… 147
　　6.2.1　动荷应力 …………………………………………………… 147
　　6.2.2　交变应力 …………………………………………………… 149
任务 6.3　应力集中 …………………………………………………… 152

任务 6.4　接触应力 ………………………………………………………………… 152
　　任务 6.5　强度理论简介 ……………………………………………………………… 153
　　　　6.5.1　应力状态 …………………………………………………………………… 153
　　　　6.5.2　强度理论简介 ……………………………………………………………… 155
　　小结 ……………………………………………………………………………………… 157
　　习题 ……………………………………………………………………………………… 157

附录 A　杆梁类实践项目 ………………………………………………………………… 159

附录 B　"双杠杆手动式冲压机机构的设计与制作项目"设计说明书 ………………… 176

附录 C　轮轴类实践项目 ………………………………………………………………… 182

附录 D　"手摇绞车机构的设计与制作项目"设计说明书 ……………………………… 191

附录 E　常用型钢规格表 ………………………………………………………………… 198

附录 F　常用金属材料及其主要力学性能 ……………………………………………… 202

附录 G　课后部分习题参考答案 ………………………………………………………… 204

参考文献 ………………………………………………………………………………… 208

【引言】

本书采用"项目导向、双线并行、模块化"的教学模式,以示范项目 1 为主线来展开模块 1~模块 4 的教学内容,通过四个模块的学习和训练,加之完成附录 A 中的若干"实践项目",主要掌握和具备"杆梁类构件静力平衡分析计算"及"杆梁类构件承载力分析计算"的知识和能力。

示范项目1

"双杠杆手动式冲压机机构的设计与制作项目"任务书

1. 项目目的

通过完成"双杠杆手动式冲压机机构的设计与制作项目",进而完成本书模块 1~模块 4 的学习任务。

2. 机构原理

如双杠杆手动式冲压机机构示意图所示,当施工者在 A 点对手柄(杠杆)ABO_1 施加力 F(垂直于手柄并且向下)时,拉动连杆 BC 带动另一杠杆 CDO_2,进而通过连杆 DE 推动滑块 H 对工件块产生向下冲压力 N。

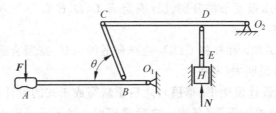

双杠杆手动式冲压机机构示意图

3. 项目目标

(1) 实现使用功能

设施工者的作用力为 F,所设计的机构能够产生的最小冲压力为 N。

为了培养独立思考和创新能力,把全班分为若干小组,每组 4~6 人为宜,各组参数(人力 F;最小冲压力 N)如下:

$F=100$ N 时：$N=1000$ N、1200 N、1600 N、2000 N。

$F=150$ N 时：$N=1300$ N、1500 N、1800 N、2200 N。

$F=200$ N 时：$N=1400$ N、1900 N、2300 N、2500 N。

(2) 满足安全性和经济性

机构中各构件既具备足够的承载力，以保证能够安全可靠地使用机构，同时又满足经济性原则。

4. 工作任务

(1) 写出一份正式设计说明书。

(2) 用 4 号图纸画出一张正式图。

(3) 制作出一台机构模型，并检验能否达到预定的目标。

5. 工作步骤

(1) 观察机构示意图并将整个机构拆开，对各构件间的连接(接触)进行观察分析，说明整个机构的构件组成，并说明各处连接(接触)可归纳简化为何种常见约束类型。开始书写设计说明书(草稿)。

(2) 对机构中各构件进行受力分析并画出受力图。续写设计说明书(草稿)。

(3) 在受力图上，选取手柄(杠杆)ABO_1 和杠杆 CDO_2 进行力投影和力矩分析计算能力的训练。续写设计说明书(草稿)。

(4) 应用力系平衡总则，各组按照不同的参数(人力 F；最小冲压力 N)，初步设计确定各构件长度尺寸和其他参数。续写设计说明书(草稿)，并用 4 号图纸画出机构简图(草图)。

(5) 分析说明各构件的变形形式及应具备何种承载力。续写设计说明书(草稿)。

(6) 为两条连杆 BC 和 DE 选择合适的钢材，按照轴向拉压强度条件(注意压杆的稳定性)设计并确定连杆的横截面尺寸。分析说明及计算两连杆的拉伸/压缩变形。续写设计说明书(草稿)。

(7) 按照剪切和挤压强度条件分别设计确定 B、C、D、E、O_1、O_2 六处连接螺栓(销钉)的直径。续写设计说明书(草稿)。

(8) 为手柄(杠杆)ABO_1 和杠杆 CDO_2 选择合适的钢材，按照合适的强度条件设计确定横截面尺寸。完成设计说明书(草稿)。

(9) 全面检查修改设计说明书(草稿)，之后重新写成正式的设计说明书。

(10) 全面检查修改机构简图(草图)，之后重新用 4 号图纸画出正式的简图。

(11) 用合适的材料按照本人设计的技术参数制作出一台机构模型，并检验是否达到预定的目标。

6. 学习要求

严肃认真完成本项目的各个步骤及本课程学习，要个人积极思考及行动、同学间互动及师生间互动相结合，既动脑也动手，周密细致、一丝不苟地计算、画图和制作，按照进度要求高质量地完成每一个步骤，直至整个项目及课程的完成。

模块 1

基础知识学习与基本技能训练

【引言】

在模块 1 中,主要进行工程力学三项基本技能"力投影计算"、"力矩/力偶矩计算"和"画受力图"的学习和训练。之后即可完成"示范项目 1"中"5.工作步骤"的(1)、(2)、(3)。

【知识学习目标】

(1) 理解力系、载荷、构件、刚体、平衡等概念。
(2) 充分理解力投影的概念。
(3) 充分理解力矩/力偶矩的概念及其性质。
(4) 理解力的滑移性和平移性并了解其应用。
(5) 充分理解约束及约束力的概念,熟知五类常见约束类型及其约束力的特性。
(6) 熟知构件(物系)受力分析及画受力图的方法、要点及过程。

【能力训练目标】

(1) 能熟练计算平面力的投影。
(2) 能熟练计算平面力矩/力偶矩。
(3) 能把构件间常见的实际连接(接触)归纳简化为五类常见约束类型,并画出来。
(4) 能分析简化构件的实际受力状况,并画出相应的受力图。

任务 1.1 基础知识学习

1. 力系与载荷

多种多样的机械设备和工程结构,在工作时往往承受各式各样的力(亦称为载荷)的作用。在力(载荷)的作用下,构件(物体)必然产生变形——形状和大小的变化,并可能发生破坏(断裂),导致机械设备和工程结构不能正常工作,甚至发生危险事故。

在工程力学中,两个力或多个力可称为力系。力系中既有主动力也有约束力。

当对构件进行静力分析和计算时,通常用"力系"这一说法;当对构件进行变形和破坏(断裂)的分析和计算时,通常用"载荷"这一说法。

力系的分类如图 1-1 所示。

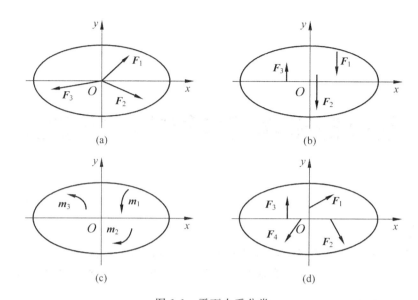

图 1-1 平面力系分类

(a)平面汇交力系；(b)平面平行力系；(c)平面力偶系；(d)平面任意力系

2. 构件与刚体

各种各样的机械设备和工程结构，都是由许许多多的构件或零件组成的，即构件或零件是组成机械设备和工程结构的基本元件（本书以后通称构件）。

在工程力学中，当进行静力分析和计算时，通常不考虑由于力系（载荷）的作用而使构件发生的变形，把这种构件称为刚体。

3. 平衡、平衡力系及平衡条件

在物理学及本课程中，平衡是指构件（物体）相对于地球处于静止或做匀速直线运动。如各类建筑物、在水平直线轨道上匀速行驶的列车、起重机匀速提升的货物等，都是处于平衡状态的例子。

构件处于平衡状态，说明该构件一定受到平衡力系的作用；反之，若构件在某力系作用下处于平衡状态，则该力系一定是平衡力系。

在平衡力系中，各力对构件作用的运动效果恰好互相抵消，即合力为零，所以构件的运动状态不会变化。

一个力系必须满足一定的条件才能成为平衡力系，这种条件称为力系的平衡条件。

4. 二力平衡与二力构件

显然，作用于同一刚体上的两力，如果大小相等，方向相反，且作用于同一直线上，这两力就彼此平衡，即这两力对该构件的作用效果是相互抵消的，这两力的合力为零。反之，如果一个刚体受到两力的作用并处于平衡状态，则此两力一定大小相等，方向相反，且作用于同一直线上。

简而言之：二力作用于刚体并使其平衡的必要和充分条件是这二力等值、反向、共线。

该结论通常称为二力平衡公理。上述的二力显然是最简单的平衡力系,有时也称为"一对平衡力",如图1-2(a)所示。

应当注意,这个结论不适用于可变形体,例如软绳(或钢丝绳、链条)之类。显然,它们只能受拉力而不能受压力,如图1-2(b)所示。

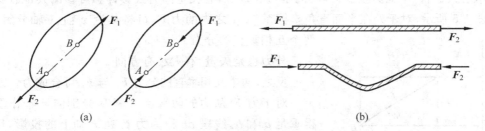

图1-2 二力平衡示意图

在机械设备和工程结构中,常常有只受二力作用而平衡的构件(不考虑自重),这种构件通常称为二力构件(非杆状)或二力杆(呈杆状)。

二力构件的受力特点是:二力的作用线必定是沿二力作用点之连线。

当二力作用的方向相背时,二力杆受拉力,称为拉杆;当二力作用的方向相对时,二力杆受压力,称为压杆,如图1-3所示。

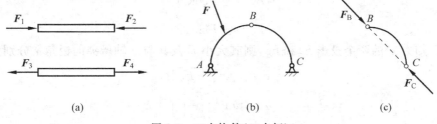

图1-3 二力构件(二力杆)

二力构件(或二力杆)在本课程中是一个重要的概念,下面还将深入讨论,务求掌握好。

5. 三力平衡汇交与三力构件

如果互不平行的平面三力作用于同一刚体并使其平衡,则此三力必汇交于一点,这种构件通常称为三力构件。根据这个结论,可以确定某个未知力的作用线,如图1-4所示。

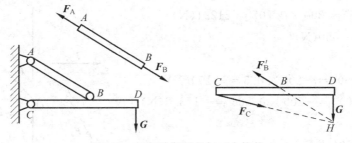

图1-4 三力平衡汇交与三力构件

注:以下将进行"力投影计算"、"力矩/力偶矩计算"和"画受力图"的学习和训练,这是工程力学的三项基本技能,应当充分理解和熟练掌握。

任务 1.2 "力投影计算"的学习和训练

本书只进行"平面力投影计算"的学习和训练,有关空间力投影计算可参阅其他教材。

图 1-5 所示,对于处在平面直角坐标系 Oxy 之内的力 $\boldsymbol{F}$,可将其沿 x 轴、y 轴分解得到两个互相垂直的分力 $\boldsymbol{F}_x$ 与 $\boldsymbol{F}_y$。

分力也是矢量,有大小有方向。

反之,两个互相垂直的分力 $\boldsymbol{F}_x$ 与 $\boldsymbol{F}_y$ 可合成为合力 $\boldsymbol{F}$。

对于力 $\boldsymbol{F}$,从力的两端点 A 和 B 分别向 x 轴作垂线,得垂足 a 和 b,线段 ab 称为力 $\boldsymbol{F}$ 在 x 轴上的投影,用 F_x 表示;同理,从力的两端点 A 和 B 分别向 y 轴作垂线,得垂足 c 和 d,线段 cd 称为力 $\boldsymbol{F}$ 在 y 轴上的投影,用 F_y 表示,如图 1-5 所示。

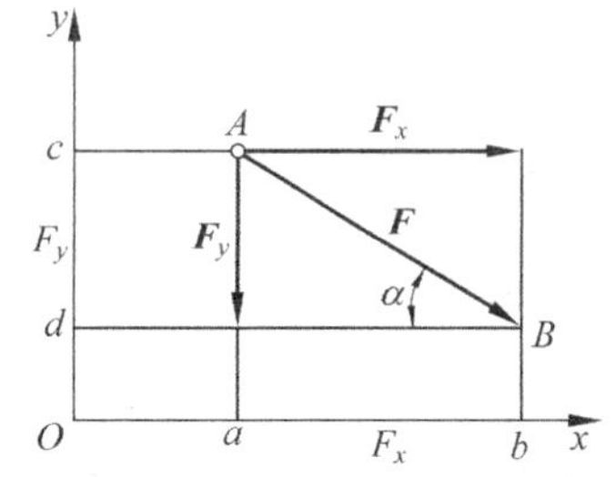

图 1-5 平面力的正交分解与投影

力在轴上的投影是代数量,有大小和正负,其正负号的规定如下。

若 $a \rightarrow b$(或 $c \rightarrow d$)与 x 轴(或 y 轴)的正向相同时,则投影 F_x(或 F_y)取正号,反之取负号。

若已知力 $\boldsymbol{F}$ 与 x 轴的夹角为 α(α 取锐角),则力的投影可按下式计算为

$$\left.\begin{array}{l} F_x = \pm F\cos\alpha \\ F_y = \pm F\sin\alpha \end{array}\right\} \tag{1-1}$$

反之,若已知力 $\boldsymbol{F}$ 的两个投影 F_x 和 F_y,则其大小 F 及其与 x 轴所夹的锐角 α 分别为

$$\left.\begin{array}{l} F = \sqrt{F_x^2 + F_y^2} \\ \alpha = \tan^{-1}\left|\dfrac{F_y}{F_x}\right| \end{array}\right\} \tag{1-2}$$

能力训练——力投影计算示例

例 1-1 求如图 1-6 所示的各力在坐标轴上的投影。已知各力的大小为:$F_1 = 300\text{N}$,$F_2 = 650\text{N}$,$F_3 = 200\text{N}$,$F_4 = 350\text{N}$,$F_5 = 400\text{N}$,各力的方向及各力与坐标轴的夹角如图 1-6 所示。

解: 由式(1-1)可得

$F_{1x} = F_1 \cos45° = 300 \times 0.707 = 212.1(\text{N})$

$F_{1y} = F_1 \sin45° = 300 \times 0.707 = 212.1(\text{N})$

$F_{2x} = -F_2 = -650(\text{N})$

$F_{2y} = 0$

$F_{3x} = -F_3 \cos60° = -200 \times 0.5 = -100(\text{N})$

$F_{3y} = -F_3 \sin60° = -200 \times 0.866 = -173.2(\text{N})$

$F_{4x} = 0$

$F_{4y} = F_4 = 350(\text{N})$

$F_{5x} = F_5 \cos30° = 400 \times 0.866 = 346.4(\text{N})$

$F_{5y} = -F_5 \sin30° = -400 \times 0.5 = -200(\text{N})$

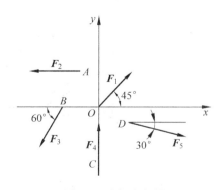

图 1-6 求解力投影

任务1.3 "力矩/力偶矩计算"的学习和训练

力对刚体的运动效应可分为移动和转动两种,力的移动效应取决于力的投影,力的转动效应则要用力矩/力偶矩来度量。

1.3.1 力矩的实例和概念

本书只进行"平面力矩/力偶矩计算"的学习和训练,有关空间力矩/力偶矩计算可参阅其他教材。

图1-7所示,作用力 F 与扳手、螺母处在同一平面上,力 F 可通过扳手使螺母产生绕 O 点转动的效果,其转动效果取决于力 F 的大小和力臂 d 的长短,力 F 越大,力臂 d 越长,力矩 M 就越大,所以力 F 和力臂 d 的乘积 $F \cdot d$ 称为力对 O 点之矩,简称为对点力矩或力矩,用 $M_O(F)$ 表示:

$$M_O(F) = \pm F \cdot d \tag{1-3}$$

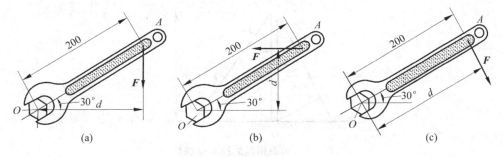

图1-7 扳手拧螺母三种施力

点 O 是刚体的转动中心,称为力矩中心或简称矩心。

矩心 O 到力 F 作用线的垂直距离 d 称为力臂。

由于扳手和螺母只能在平面上顺时针或逆时针转动,所以平面力矩可用正、负号表示转向,通常规定:逆时针转向取正号,顺时针转向取负号。所以,平面力矩是代数量,有大小,有正、负号,如图1-8所示。

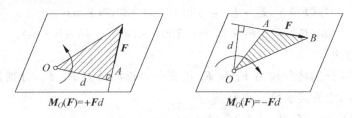

图1-8 平面力矩正负号表示

力矩的单位取决于力和力臂的单位,其常用单位为牛顿·米(N·m)、牛顿·毫米(N·mm)或千牛·米(kN·m)。

显然,当力的作用线通过矩心 O 时,力臂 d 为零,所以力矩为零,即力对刚体不产生转动效应。

空间力矩是一个矢量,不可用正、负号表示转向,情况比较复杂,本书不作讨论。

课堂讨论:在如图1-7所示扳手拧螺母中的三种情况下,分别计算力 F 对 O 点的力矩。

1.3.2 力矩计算

(1) 直接法:对于力臂明显或容易计算的,可按定义式(1-3)直接进行计算。

(2) 分解法:对于力臂不明显或不易计算的,可将力 F 正交分解为两个互相垂直的分力 F_1 和 F_2,然后分别求 F_1 和 F_2 的力矩,最后再求代数和为

$$M_O(F) = M_O(F_1) + M_O(F_2) \tag{1-4}$$

上式说明,合力对任一点之矩等于各分力对同一点之矩的代数和,称为合力矩定理。

能力训练——力矩计算示例

例1-2 电线杆 OA 的上端 A 有两根钢丝绳,其拉力分别为 $F_1=120\text{N}$,$F_2=100\text{N}$,如图1-9所示。分别计算两拉力 F_1、F_2 对电线杆下端 O 的力矩。

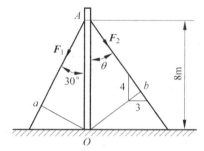

图1-9 两根钢丝绳拉紧电线杆

解:

解法1:直接法

根据式(1-3),分别计算两拉力的力臂 L_1、L_2(即力线到电线杆下端 O 的垂直距离):

$$L_1 = AO \cdot \sin30° = 8 \times 0.5 = 4(\text{m})$$
$$L_2 = AO \cdot \sin\theta = 8 \times 0.6 = 4.8(\text{m})$$

再分别计算两拉力 F_1 和 F_2 对 O 点的力矩:

$$M_O(F_1) = F_1 \cdot L_1 = 120 \times 4 = 480(\text{N} \cdot \text{m})$$
$$M_O(F_2) = -F_2 \cdot L_2 = -100 \times 4.8 = -480(\text{N} \cdot \text{m})$$

解法2:分解法

根据式(1-4),分别将两拉力 F_1 和 F_2 正交分解得两分力 F_x、F_y,分别计算两分力 F_x、F_y 对 O 点的力矩,之后再求代数和为

$$M_O(F_1) = M_O(F_{1x}) + M_O(F_{1y})$$
$$= F_1 \cdot \sin30° \times 8 + 0 = 120 \times 0.5 \times 8 = 480(\text{N} \cdot \text{m})$$
$$M_O(F_2) = M_O(F_{2x}) + M_O(F_{2y})$$
$$= -F_2 \cdot \sin\alpha \times 8 + 0 = -100 \times 0.6 \times 8 = -480(\text{N} \cdot \text{m})$$

1.3.3 力偶的实例和概念

在实践中,经常可见到一些刚体受到大小相等、方向相反、作用线平行而不重合的两个力的作用。例如,汽车司机用双手转动方向盘,工人用双手转动丝锥攻螺纹,人们用两个手指转动水龙头、转动螺口瓶盖、转动机械式钟表的旋钮等,如图 1-10 所示。

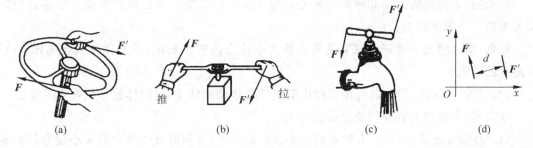

图 1-10 平面力偶实例

经观察和分析可知,这样一对反向平行力不满足二力平衡条件,因而不能平衡,它能使刚体转动而不能使刚体移动。在力学上把等值、反向、不共线的两力称为力偶,记为(F,F')。力偶中两力线之间的垂直距离 d 称为力偶臂,两力所在平面称为力偶作用面,如图 1-10 所示。力偶简化画法如图 1-11 所示。

图 1-11 力偶简化画法

由实践可知,力 F 的数值越大,或力偶臂 d 的数值越大,力偶使刚体转动的效应就越强;反之就越弱。用乘积 $F \cdot d$ 度量力偶对刚体的转动效应,称为力偶矩,并用 N·m 表示,即:

$$M(F,F') = M = \pm F \cdot d \tag{1-5}$$

式中,正、负号用来表示力偶的转向,通常规定:逆时针转向取正号,顺时针转向取负号。可见力偶矩也是代数量。

注意:在平面力系中,力偶矩是代数量,但在空间力系中,力偶矩是矢量,情况比较复杂,本书不作讨论。

力偶矩的单位与力矩的单位相同,通常用 N·m 或 kN·m。

1.3.4 力偶的性质

(1) 力偶无合力,由于力偶中的两力等值、反向、不共线,所以不能合成为一个力,即力偶无合力(并非合力为零)。它对刚体没有移动效应只有转动效应,成为最简非平衡力系。因此力偶与力是组成力系的两个并列的基本物理量。

对于刚体而言:

力的三要素是力的大小、力的方向、力的作用线,可简述为力值、力向、力线。

力偶的三要素是力偶矩大小、力偶转向、力偶作用面,可简述为偶值、偶向、偶面。

(2) 力偶中的两个力,对力偶作用面上任一点的力矩之代数和恒等于力偶矩。

这表明,力偶矩的大小和转向与矩心位置无关;但力矩与矩心位置有关。这是力偶矩与力矩的一个重要区别。

可见,很多情况下无需单独关注两力的大小及力偶臂的长短,故力偶常简记为图1-11中所示的形式。

(3) 力偶可移转,即力偶可在其作用面上任意移动和转动,对刚体的作用效应不变。

这表明,力偶与它在作用面上位置无关。

(4) 力偶可改装,即保持力偶矩的大小及转向不变,可同时改变两力的大小及力偶臂的长短,对刚体的作用效应不变。

如图1-12所示,司机的双手转动方向盘时,无论是将力加在 A、B 两点,还是加在 C、D 两点,对方向盘的转动效应都是相同的。

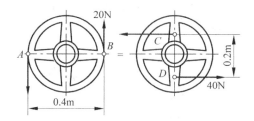

图 1-12 力偶转移和改装

因此,在同一平面上的两个力偶,只要它们的偶值相等、偶向相同,则两个力偶就等效。力偶的等效性可用图1-13形象地表示出来。

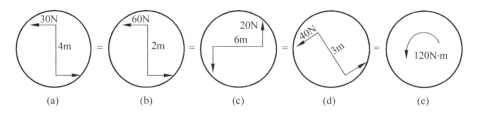

图 1-13 力偶等效性

(5) 力偶可平移,即在同一刚体上,力偶可平行移动,对刚体的作用效应不变,如图1-14所示。

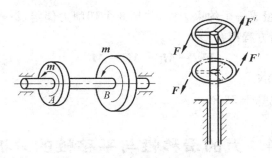

图 1-14 力偶平移

1.3.5 力偶系的合成与平衡

作用在同一平面上的若干力偶组成平面力偶系。由于平面力偶矩可以直接相加、减,平面力偶系合成后的结果称为合力偶矩 M:

$$M = M_1 + M_2 + M_3 + \cdots + M_n = \sum M_i \tag{1-6}$$

在式(1-6)中,若合力偶矩为零,即 $\sum M = 0$,则表明各力偶的转动效应互相抵消,刚体处于转动平衡状态(静止不动或匀速转动)。因此平面力偶系平衡的必要和充分条件是:力偶系中各力偶矩的代数和为零,即:

$$\sum M_i = 0 \tag{1-7}$$

称为平面力偶系的平衡方程。

能力训练——力偶系合成与平衡计算示例

例 1-3 现用三轴钻床在工件上同时钻 3 个孔,如图 1-15 所示,所需要的切削力偶矩分别是:$M_1 = M_2 = 25\text{N} \cdot \text{m}$,$M_3 = 60\text{N} \cdot \text{m}$。求该工件上受到的总切削力偶矩 M。固定工件的两个螺栓 A、B 的间距 $l = 200\text{mm}$,求两个螺栓的受力。

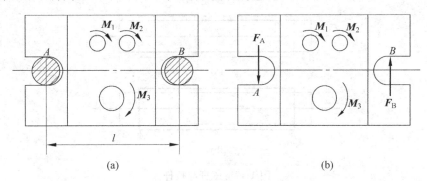

图 1-15 三轴钻床钻孔

解:作用在工件上的 3 个切削力偶组成平面力偶系,根据式(1-6)可得总切削力偶矩

$$M = M_1 + M_2 + M_3 = (-25) \times 2 - 60 = -110(\text{N} \cdot \text{m})$$

M 为负号,所以合力偶矩为顺时针转向。

由于两个螺栓与工件之间为光滑接触,所以两个螺栓对工件的作用力 F_A、F_B 分别垂直

于接触面,且等值反向组成一个约束力偶,并与3个切削力偶组成一个平衡的平面力偶系。根据平面力偶系的平衡方程得:

$$F_A l - M_1 - M_2 - M_3 = 0$$

解得 $F_A = F_B = 550\text{N}$。

两个螺栓的受力也等于550N。

任务1.4　力的滑移性与平移性的分析和应用

1.4.1　力的滑移性(力的可传性原理)

作用于刚体上 A 点的力,可沿其作用线滑移到该刚体上任一点 B,此力对该刚体的作用效应不变。

由实践可知,以同样大小的水平力在车后的 A 点推车与在车前的 B 点拉车,效果是一样的,如图1-16所示。

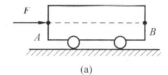
(a)

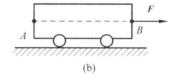
(b)

图1-16　推车与拉车

由力的滑移性可见,对刚体而言,可不注重力的作用点,因而"力的三要素"可改为"力的大小、力的方向、力的作用线",简称为力值、力向、力线。

但力的滑移性不适用于变形体,如图1-17(a)所示,一根可变形直杆在承受一对平衡力 F_1、F_2 时,直杆可发生压缩变形;如果把 A 点的力 F_2 滑移到 B 点,而把 B 点的力 F_1 滑移到 A 点,如图1-17(b)所示,直杆将发生拉伸变形。

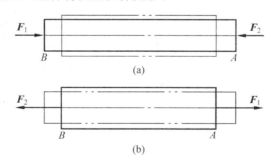

图1-17　压杆与拉杆

如果上述直杆是脆性材料,如粉笔和铸铁杆件,其抗拉和抗压能力相差很大,将粉笔拉断很容易,但将其压断则要施加很大的力。

另外,力在滑移时,只能在同一刚体内进行,切不可把力由这个刚体滑移到另一个刚体上。

1.4.2 力的平移性(力的平移定理)

作用于刚体上 A 点的力 F 平移至同刚体上任一点 O 时，必须附加一个力偶 m，才能与原力等效，如图 1-18 所示。附加力偶 m 的力偶矩 M 等于原力 F 对平移点 O 的力矩：

$$M = M_O(F) = \pm F \cdot l \tag{1-8}$$

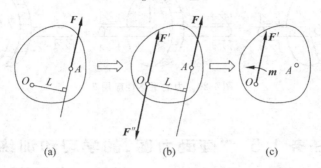

图 1-18 力的平移定理

能力训练——力的平移性应用示例 1

例 1-4 应用力的平移定理可将一个力分解成为一个力和一个力偶。如图 1-19(a)所示，500N 的力 F 由边长为 100mm 的正方形的顶点 A 平移到顶点 B，需附加力偶的力偶矩为

$$m = m_B(F) = -500 \times 0.1 = -50(\text{N} \cdot \text{m})$$

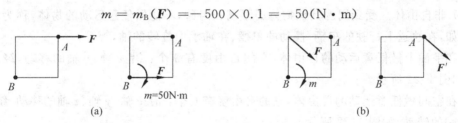

图 1-19 力的平移性应用 1

能力训练——力的平移性应用示例 2

例 1-5 应用力的平移定理还可将同一力系中的一个力和一个力偶合成为一个力。如图 1-19(b)所示，设力 F 沿边长为 100mm 的正方形对角线方向，若 $F=100\text{N}, m=5\sqrt{2}\text{N} \cdot \text{m}$，则力 F 与力偶 m 的合力 F' 应在力 F 的上方，其与力 F 的距离为

$$d = \frac{m}{F} = \frac{5\sqrt{2} \times 1000}{100} = 50\sqrt{2}(\text{mm})$$

可知合力 F' 通过 A 点，大小为 100N。

可见，力的平移定理是力系合成的依据，运用力的平移定理可以有：

$$[一个力\ F] \xrightarrow{分解} [一个力\ F] + [一个力偶\ m]$$

反之有：

$$[一个力\ F] + [一个力偶\ m] \xrightarrow{合成} [一个力\ F]$$

能力训练——力的平移性应用示例 3

例 1-6 在求解轮轴类构件时常需要将轮周上的力平移至轴心,如图 1-20 所示,将作用于圆周的力 F 平移到轴心时,必须附加一个力偶 m_O。后面将知道,力 F' 会引起轴的弯曲变形,力偶 m_O 会引起轴的扭转变形。

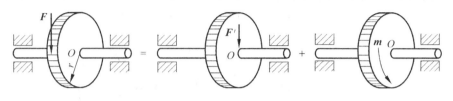

图 1-20 力的平移性应用 2

任务 1.5 "画受力图"的学习和训练

1.5.1 自由体、非自由体和自由度

在工程把构件(物体)分为自由体和非自由体两类。

(1) 自由体。不受任何限制,可在空间做任意运动的物体,称为自由体。例如,在空间飞行的飞机、足球、热气球等。

(2) 非自由体。受到周围其他物体的限制和阻碍,不能做任意运动的物体,称为非自由体。例如,在轨道上行驶的车辆、摆动的单摆、在轴承中旋转的轴,等等。

可在平面上做任意运动的自由体,它的自由度有 3 个:沿 x 轴、y 轴的移动,绕 z 轴的转动,如图 1-21 所示。

可在空间做任意运动的自由体,它的自由度有 6 个:沿 x 轴、y 轴、z 轴的移动,绕 x 轴、y 轴、z 轴的转动,如图 1-22 所示。

图 1-21 平面三自由度　　图 1-22 空间六自由度

由于非自由体受到周围其他构件(物体)的限制或阻碍,因而它的自由度会减少,不能进行某些移动或转动。

1.5.2 主动力与约束力

机械设备和工程结构中的每个构件,总是以某种形式与周围其他构件相接触或相连接,构件之间既相互联系又相互制约,显然每个构件都是非自由体。

限制或阻碍非自由体运动的那些周围的其他构件(物体)称为约束体(简称为约束),例如,车辆的约束是轨道,单摆的约束是绳子,轴的约束是轴承,等等。

在工程上把构件(物体)的受力分为主动力和约束力两类。

(1) 主动力。能主动地引起物体运动或使物体产生运动趋势的力,称为主动力(或载荷)。例如,人力、畜力、自然力(重力、风力、水力)、人造力(发动机的驱动力、机床的切削力),等等。在本课程中主动力往往是作为已知条件给出的。

(2) 约束力。约束体对构件(物体)的运动或运动趋势产生限制或阻碍的力称为约束力。

在主动力的作用下,构件(物体)要发生运动或产生运动趋势,但由于它周围存在约束体,所以它势必对约束体施加作用力。根据作用力与反作用力定律,约束体也必定对构件(物体)回应反作用力,因而就限制或阻碍了该构件(物体)的运动或运动趋势,这种力就称为约束反作用力,简称为约束反力、约束力或反力。约束力是由主动力引起的,并随主动力的变化而变化,它是被动力、未知力。

根据平衡条件,由已知主动力求解出未知约束力,是工程力学的重要任务。

1.5.3 常见约束类型及约束反力特点

机械设备和工程结构中构件间的接触或连接形式是多种多样的,但可将其进行合理简化,归纳为以下几种典型类型,概括出相应的约束特性。

1. 柔体约束

由柔软的、不计自重的各类绳索、胶带、链条等形成的约束称为柔体约束。这类约束的特性是只能产生拉力不能承受压力,它所产生的约束力必定是沿柔体中心线且背离被约束体的拉力,常用 F_T 表示,如图 1-23 和图 1-24 所示。

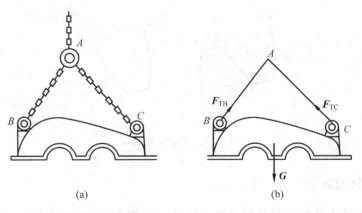

图 1-23 链条约束

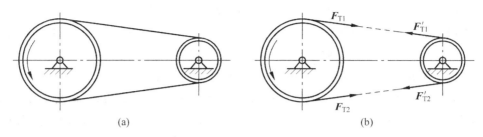

图 1-24 胶带约束

2. 光滑接触约束

当两个刚体直接接触,且接触处光滑而忽略摩擦力时,就是光滑接触约束。这类约束的特性是只能产生压力而不能承受拉力,它所产生的约束力必定是沿接触面公法线方向且指向被约束体的压力(支撑力),又常称法向反力,常用 F_N 表示。它不能限制被约束体沿接触面公切线方向的运动,如图 1-25 所示。

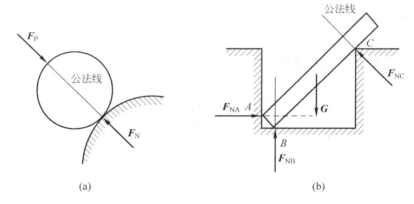

图 1-25 光滑接触约束

例如,相互啮合的齿轮的轮齿、凸轮机构的凸轮与推杆等,如图 1-26 所示。

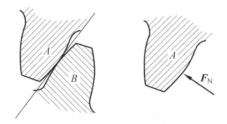

图 1-26 轮齿接触约束

3. 光滑铰链约束

如果两个构件连接在一起且接触处光滑不计摩擦力,能相对转动但不能相对移动(分开),则称这两个构件互为光滑铰链约束(连接),或简称铰接。

例如,发动机中活塞与连杆的连接、门窗与框架的连接、折叠伞中各骨架的连接、眼镜中镜框与镜腿的连接等,都构成了铰接,如图 1-27 所示。

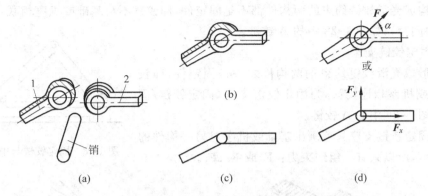

图 1-27 光滑圆柱铰链约束
(a) 铰链构造；(b) 铰链实物；(c) 铰链力学模型；(d) 铰链约束反力

1) 光滑铰链约束力的分析思路

光滑铰链约束力的分析有以下两种思路。

(1) 从自由度观点分析

如前所述,在平面上运动的自由体(构件),它的自由度有三个。由于两构件在铰接点处不能相对移动(分开),即沿 x 轴、y 轴的移动受到限制,所以在 x 轴、y 轴上有约束力；由于两构件在铰接点处可相对转动,即转动不受限制,所以没有约束力偶(不计摩擦力)。因而中间铰的约束力是两个正交分力,常用字母 F_x 和 F_y 表示。这两个正交约束力的指向和大小由主动力决定,无法预先确定,通常画成沿 x 轴、y 轴的正向。有时也把两个正交约束力 F_x、F_y 画成一个约束力 F,但合力 F 的方向也是无法预先确定的。

但要注意,两连接构件之间互有约束力,并且两组约束力 F_x、F_y 与 F'_x、F'_y 是等值、反向的(即符合作用力和反作用力的关系)。

(2) 从构造观点分析

由于光滑铰链约束是用圆柱销钉插入两连接构件的圆孔中(均不计摩擦力),因而销钉与圆孔形成上述的光滑接触约束,所以销钉对圆孔的约束力应沿着接触点 K 的公法线,且通过圆孔中心指向构件,形成一个约束力 F。由于它随主动力的变化而变化,所以约束力的接触点 K 的位置及方向也是无法预先确定的,通常将约束力 F 分解为两个正交约束力 F_x、F_y,如图 1-27(d)所示。

由于销钉是同时插入两连接构件的圆孔中,所以销钉与两连接构件的圆孔的接触点各有一个,即 K 和 K',两点相隔 180°,因此约束力也有两组：F 与 F',或 F_x、F_y 与 F'_x、F'_y,并且两组约束力也符合作用力和反作用力的关系。

综上所述,两种分析思路所得结论是一样的,即光滑铰链的约束力通过铰链中心,可用一个约束力 F 表示,通常用两个正交约束力 F_x、F_y 表示,但 F 或 F_x、F_y 的指向无法预定,合力 F 与分力 F_x、F_y 的关系是

$$F = \sqrt{F_x^2 + F_y^2}$$

2) 光滑铰链的约束形式

光滑铰链约束可分为以下几种形式。

(1) 中间铰链

如果构成光滑铰链约束的两构件都不是固定件,即铰链不与基础或机座相联,就称为中间铰链(中间铰),如图 1-28 中的 A 铰链。

(2) 固定铰链支座

如果形成光滑铰链约束的两构件之一是固定件,即铰链与基础或机座相连,就称为固定铰链支座(固定铰链/固定铰),如图 1-29 中的 A 铰链。

对于固定铰链支座只需画出基础或机座对另一构件的约束力即可,所以只有一组约束力:F,或 F_x、F_y。

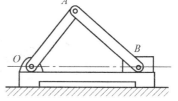

图 1-28 固定铰链与中间铰链

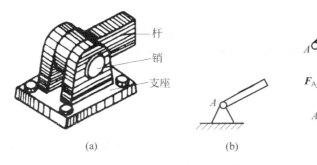

图 1-29 固定铰链支座
(a) 实体;(b) 力学模型;(c) 约束反力

(3) 活动(滑动/可动/滚动)铰链支座

如果在固定铰链支座的底部与支承面之间安装一排滚轮,就构成活动铰链支座(活动铰链/活动铰),如图 1-30 所示。这种约束常用于桥梁、屋架等结构中,以便当温度发生变化而引起构件伸缩时,该支座可相应地沿支承面滑动,防止不良后果的产生。

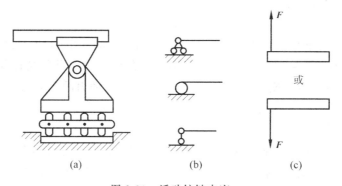

图 1-30 活动铰链支座
(a) 实体;(b) 力学模型;(c) 约束反力

显然,活动铰链支座不能限制或阻碍构件沿支承面方向的移动,所以沿支承面切线方向的约束力 F_x 必定为零,于是只剩下垂直于支承面并指向构件的约束力 F_y,可简写为 F,即相当于上述的光滑接触约束。

(4) 链杆

不计自重的刚性杆,其两端是铰链(中间铰或固定铰),杆件两端之间无外力,这就是链杆。链杆是前述二力杆的一种常见形式,如图1-31所示。

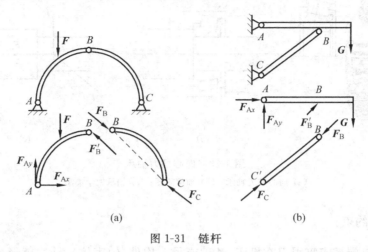

图1-31 链杆

链杆在机械设备和工程结构中很常见,必须首先会识别它,然后会利用它的特性,以便于受力分析和平衡计算。

由于链杆是二力杆,故两端铰链的约束力应满足二力平衡公理,即两力的作用线沿两端点的连线,等值且反向。

判断链杆是受拉力还是受压力,可用切断法。假想将其切断,若两端铰链相离,则链杆受拉力(即拉杆);若两端铰链靠拢,则链杆受压力(即压杆)。如图1-4中的AB杆是拉杆,图1-31中的两条BC杆皆为压杆。

4. 轴承约束

轴承是轴的约束,轴承是机械中的重要零部件,它引导和支持轴的旋转运动,并将轴上的载荷传递给机座或基础。

图1-32所示为向心轴承,其力学模型如图1-32(c)所示。它允许轴转动而限制轴沿直径方向的移动(径向移动),其约束力的特性与固定铰链支座相同,通常也用两个正交约束力F_x、F_y表示。在后续的课程中,计算和选用轴承时,往往需要求出合力F,即

$$F = \sqrt{F_x^2 + F_y^2}$$

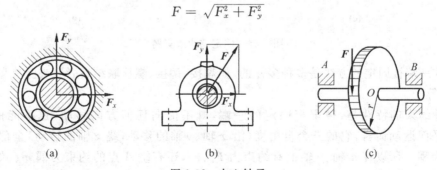

图1-32 向心轴承
(a) 滚动轴承;(b) 滑动轴承;(c) 轴承力学模型

图1-33(a)所示为向心推力轴承,它只允许轴的转动,除限制轴的径向移动外,还限制轴向移动。通常用三个正交约束力F_x、F_y、F_z表示,如图1-33(c)所示。

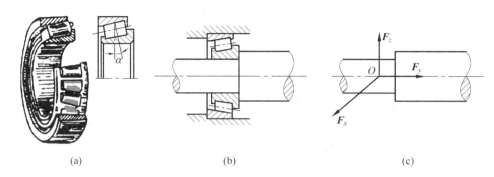

图 1-33 向心推力轴承
(a) 向心推力轴承；(b) 轴承简图；(c) 轴承力学模型

5. 固定端约束

当构件的一端被牢牢固定在机座、基础或另一构件（约束体）上时，就形成固定端约束，如埋入地下的电线杆、固定在刀架上的车刀、夹紧在卡盘上的工件、跳水运动用的木跳板、楼房上的阳台，等等，如图 1-34 所示。

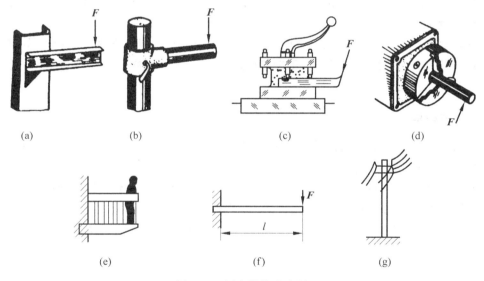

图 1-34 固定端约束实例

构件一端被固定的方法是多种多样的，如焊接、铆接、螺栓联结、粘结、夹具夹紧、混凝土浇灌，等等。

这种约束的特性是，被牢牢固定的一端，既不能向任何方向移动，也不能做任何转动。对平面运动而言，它的三个自由度（沿 x 轴、y 轴的移动，绕 z 轴的转动）全部消失，即自由度为零。所以在 x 轴、y 轴上有约束力 F_x、F_y，还有绕 A 点的约束力偶 m_A，如图 1-35 所示。

注意：在平面力系中，固定端约束共产生两个约束力、一个约束力偶，但在空间力系中，固定端约束共产生三个约束力、三个约束力偶，情况比较复杂，本书不作讨论。

把固定端约束与固定铰链支座作比较，见表 1-1。

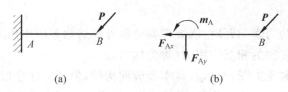

图 1-35 固定端约束力学模型和约束反力
(a) 力学模型；(b) 约束力

表 1-1 固定端约束与固定铰链支座约束对比

约　　束	沿 x、y 轴移动	约束力	绕 A 点转动	约束反力偶	表示方法
固定铰支座	限制	F_x、F_y	允许	0	
固定端约束	限制	F_x、F_y	限制	m_A	

【示范项目 1 工作步骤(1)】观察机构示意图，并将整个机构拆开，对各构件间的连接（接触）进行观察分析，说明整个机构的构件组成，并说明各处连接（接触）可归纳简化为何种常见约束类型。开始书写设计说明书（草稿）。

结果可参考附录 B【工作步骤 1】。

然后参照上述步骤，同学们可在教师指导下分组完成附录 A 中某一实践项目的工作步骤(1)。

1.5.4　画受力图

在解决力学问题时，首先对构件进行受力分析，即考察分析它受到哪些力（主动力和约束力）的作用，以及这些力的方向和位置，之后画出受力图，为后续的分析计算做准备。

为了表达清晰和计算方便，要把构件从周围的约束中分离出来并单独画出，构件的这种状态称为分离体；然后把它所有的受力（主动力/力偶和约束力/力偶）全部画在该分离体上，这种图称为构件的受力图，受力图形象表达了构件的受力情况。

正确画出构件的受力图，是解决力学问题重要而又关键的步骤，它直接关系到后续分析计算的正确与否，是工程力学的第三项基本技能。

为了画好受力图，应按下述基本步骤进行。

(1) 取分离体。解除该研究对象的约束，单独画出其构件简图。

(2) 画主动力。按已知条件在分离体上画出全部主动力/力偶，并标注相应的代号。

(3) 画约束力。严格按约束类型特性在分离体上画出全部约束力/力偶，并标注相应的代号。切忌主观想象、随意乱画。

在工程实际中，机械设备和工程结构往往是由若干个构件通过各类约束所组成的物体系统,简称物系。

在分析解决物系的力学问题时,既要考察分析外界对物系的作用力(称为外力),还要考察分析物系内部各构件间的相互作用力(称为内力)。

物系的受力分析和受力图较复杂,基本步骤同构件,但还应注意以下几点。

(1) 明确研究对象。一般情况下,既要画物系整体受力图,还要拆开物系画每个构件的受力图。

(2) 首先查看有否二力构件(二力杆、链杆)。若有,则须按其受力特性(二力等值、反向、共线)画受力图。

(3) 画整体受力图时,内力切勿画出(内力总是成对出现并抵消的,不影响整个物系的平衡);画各构件的受力图时,内力转化为外力,务必画出,且各构件间的内力应符合作用力与反作用力的关系,即一对相互约束力的方向相反、力的代号相同。

(4) 分离体上只画受力,不画施力。

能力训练——画受力图示例 1

例 1-7 如图 1-36(a)所示的三角支架,画出各构件的受力图。

解:A 点是中间铰链,B、C 两点均为固定铰链,支架中再无其他类型的约束。

当节点 A 上有主动力时,通常需将其作为研究对象,因此该物系由 AB 杆、AC 杆和节点 A 三个构件组成。

由于未特别说明 AB 杆和 AC 杆的自重,故两杆均不计自重;加之两杆的两端均为铰接,所以首先应识别出 AB 杆和 AC 杆均为链杆(二力杆);再根据切断法判断出 AB 杆是拉杆、受拉力,而 AC 杆是压杆、受压力。于是可先画出两杆的受力图,如图 1-36(b)所示。

注意:孤立地看,A 点是中间铰链,B、C 两点均为固定铰链,但由于已按二力杆受力特性画出 A、B、C 三点的约束力,故不可按中间铰链和固定铰链画成两个正交约束力 F_x、F_y 的形式。

A 点的受力要对应于两杆的受力,即符合作用与反作用关系,方向相反、力的代号相同,于是可画出 A 点的受力图,如图 1-36(c)所示。注意,力 F_{AB} 与 F'_{AB}、力 F_{AC} 与 F'_{AC} 互为反作用力。

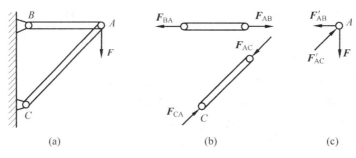

图 1-36 三角支架受力图

至此完成了三角支架各构件的受力分析并画出了受力图。

能力训练——画受力图示例 2

例 1-8 一钢架如图 1-37(a)所示,作出各构件的受力图。

解：C 点是中间铰链，A、B 两点均为固定铰链，钢架中再无其他类型的约束。

由于节点 C 上无主动力，不作为研究对象。因此该物系由 AC 和 BC 两构件组成。应当识别出 BC 为二力构件。

(1) BC 构件：由于 BC 为二力构件，受力一定沿 B、C 两点的连线，且等值反向，如图 1-37(b) 所示。

(2) AC 构件：构件 AC 在 C 点受力一定与 F_C 等值反向。A 点固定铰链的约束反力有两种画法，其一是画成两个分力，其二是根据三力平衡汇交原理画成一个反力，如图 1-37(c)、图 1-37(d) 所示。

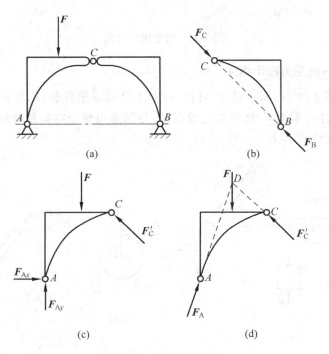

图 1-37 钢架受力图

能力训练——画受力图示例 3

例 1-9 画出如图 1-38(a) 所示组合梁整体及各段梁的受力图。

解：BD 段梁上承受有沿长度方向均匀连续分布的载荷，简称均布载荷，其载荷集度一般用 q 表示，单位常用 kN/m。

A 端是固定端，C 点是中间铰链，E 点是活动铰链支座，再无其他类型的约束。

A 端的两个约束反力和一个约束反力偶分别用 F_{Ax}、F_{Ay} 和 M_A 表示，方向假设如图 1-38(b) 所示。E 点的约束反力 F_E 垂直于支承面斜向左上。如图 1-38(b) 所示为组合梁整体受力图。

把组合梁拆开为 AC 段和 CE 段。

AC 段梁的 A 端约束反力和反力偶同上，C 点作两个正交的约束反力 F_{Cx} 和 F_{Cy}。如图 1-38(c) 所示为 AC 段梁的受力图。

CE 段梁的 C 点约束反力与上面 F_{Cx} 和 F_{Cy} 等值反向，表示为 F'_{Cx} 和 F'_{Cy}。E 点约束反力同上。如图 1-38(d) 所示为 CE 段梁的受力图。

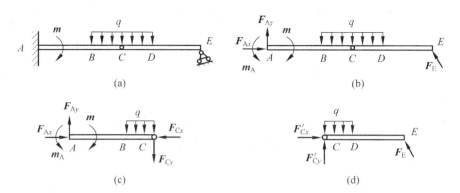

图 1-38 组合梁受力图

> **能力训练——画受力图示例 4**

例 1-10 如图 1-39(a)所示结构,杆件 ABC、CD 与滑轮 B 铰接,物块重 W,用绳子挂在滑轮上,其余的构件自重均不计,忽略各处摩擦,分别画出整个结构及滑轮 B(包括绳索)、两杆 ABC、CD 的受力图。

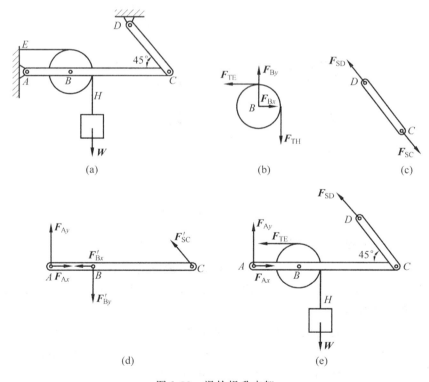

图 1-39 滑轮提升支架

解:EH 是绳索,A、D 均是固定铰链支座,B、C 均是中间铰链,再无其他类型的约束。

首先应当识别出杆 CD 是链杆(二力杆)。并根据切断法判断出杆 CD 是拉杆受拉力 F_{CD}、F_{DC},且 $F_{CD}=F_{DC}$,如图 1-39(c)所示。

(1) 以整个结构为研究对象,画出分离体图。结构整体所受的力有主动力 W,固定铰链支座 A 处的约束反力 F_{Ax}、F_{Ay},E 处绳索的拉力 F_{TE},链杆 CD 的拉力 F_{CD}。由于中间铰链

B 和 C 两处的约束反力是内力,成对出现,自动消去,因此不必画出,只需画出作用在整个结构上的外力。如图 1-39(e)所示为结构整体的受力图。

(2) 以滑轮及绳索为研究对象,画出分离体。B 处为中间铰链约束,杆件 ABC 上的铰链销钉对轮孔的约束反力为 F_{Bx}、F_{By};在 E、H 处有绳索的拉力 F_{TE}、F_{TH}。如图 1-39(b)所示为滑轮及绳索的受力图。

(3) 以杆件 ABC(包括销钉 B)为研究对象,A 点约束反力同上;B 点约束反力与上面 F_{Bx}、F_{By} 互为作用力和反作用力(等值反向),表示为 F'_{Bx}、F'_{By}。同理,C 点约束反力与上面 F_{CD} 互为作用力和反作用力(等值反向),表示为 F'_{CD}。如图 1-39(d)所示为杆件 ABC(包括销钉 B)的受力图。

> 【示范项目 1 工作步骤(2)】对机构中各构件进行受力分析并画出受力图。续写设计说明书(草稿)。结果可参考附录 B【工作步骤 2】。
>
> 然后参照上述步骤,同学们可在教师指导下分组完成附录 A 中某一实践项目的工作步骤(2)。
>
> 【示范项目 1 工作步骤(3)】在受力图上,选取手柄(杠杆)ABO_1 和杠杆 CDO_2 进行力投影和力矩分析计算的能力训练。续写设计说明书(草稿)。
>
> 结果可参考附录 B【工作步骤 3】。
>
> 然后参照上述步骤,同学们可在教师指导下分组完成附录 A 中某一实践项目的工作步骤(3)。

能力训练建议:

除了上述的能力训练之外,还可在教室、校园、实习车间里,甚至在工厂车间里,师生共同寻找并观察其他更多的机构和结构,观察分析其约束类型、受力状况并画出受力图。这样可以大大提高观察分析约束类型、受力分析及画受力图的能力。

小 结

1. 在本模块学习了以下概念及知识。

力系(载荷)、刚体、构件、二力杆(构件)、平衡、力的滑移性和平移性、约束与约束反力。

2. 充分理解和熟练掌握"力投影计算"、"力矩/力偶矩计算"和"画受力图"这三项基本技能(可简称为"两计算一画图"),以便为本课程及其他课程打下良好基础,"两计算"是:

$$F_x = \pm F\cos\alpha$$
$$F_y = \pm F\sin\alpha$$
$$M_O(\boldsymbol{F}) = \pm \boldsymbol{F} \cdot d$$
$$M(F, F') = M = \pm F \cdot d$$

3. 把构件间多种多样的接触或连接形式正确合理简化为学习归纳过的约束类型,是掌握好"画受力图"基本技能的关键和前提。

工程中常见约束类型有:柔体约束、光滑接触约束、光滑铰链约束、轴承约束和固定端约束等。

画受力图的一般步骤是：明确研究对象、取分离体、画主动力、画约束反力。画物系的受力图时要特别注意识别二力杆并利用其受力特性，还要注意构件间的作用反作用力关系。

习　题

1. 指出图 1-40 中哪些杆是二力杆（设所有接触处光滑，未标出的不计自重）。

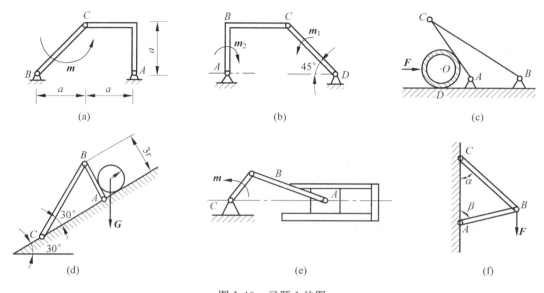

图 1-40　习题 1 的图

2. 图 1-41(a)所示为某支架各构件的受力图，如图 1-41(b)所示。

(1) 图 1-41(b)中有几个力系？

(1) 有几个二力平衡力系？

(3) 有几对力互为反作用力？

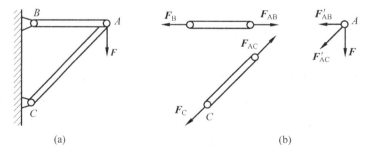

图 1-41　习题 2 的图

3. 力可以在刚体内沿其作用线移动，判断图 1-42 的分析是否正确。

(a) F 在原位置的架梯整体受力图。

(b) F 力移至 K 点后的整体受力图。

(c) 杆 DE 的受力图。

(d) F 力移至 K 点后杆 DE 的受力图。

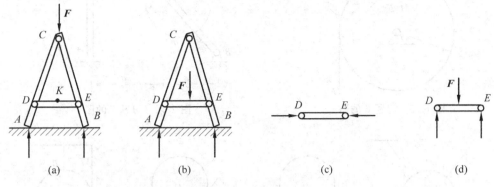

图 1-42 习题 3 的图

4. 如图 1-43 所示平面力系中，$F_1=200\text{N}$，$F_2=150\text{N}$，$F_3=200\text{N}$，$F_4=100\text{N}$，分别求各力在 x、y 上的投影。

5. 计算图 1-44 中各种情况下的力 F 对 O 点之矩。

6. 图 1-45 中的轮子在力 F 及力偶 m 作用下处于平衡状态，是否说明一个力可以与一个力偶平衡？为什么？

7. 在图 1-46 中，力偶 m 对 A、B、C 点的力矩分别是多少？

8. 画出图 1-47 中各球及物块的受力图。

9. 画出图 1-48 中杆件 AB 的受力图。

10. 图 1-49 中各构件的受力图有无错误？如有，请改正。

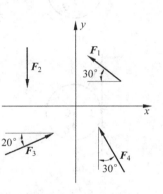

图 1-43 习题 4 的图

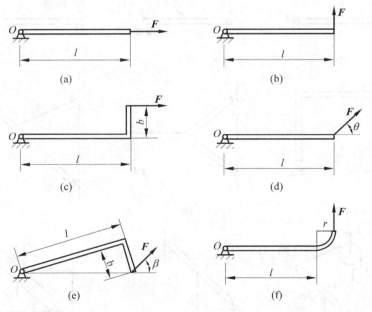

图 1-44 习题 5 的图

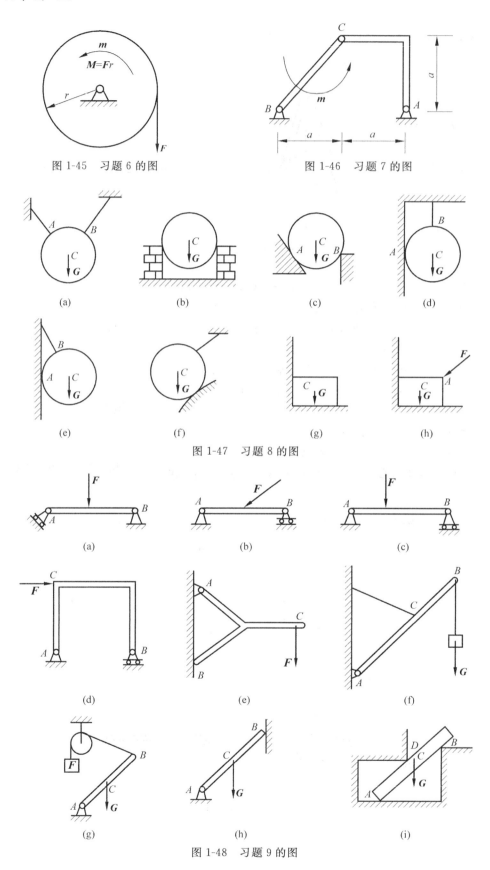

图 1-45 习题 6 的图

图 1-46 习题 7 的图

图 1-47 习题 8 的图

图 1-48 习题 9 的图

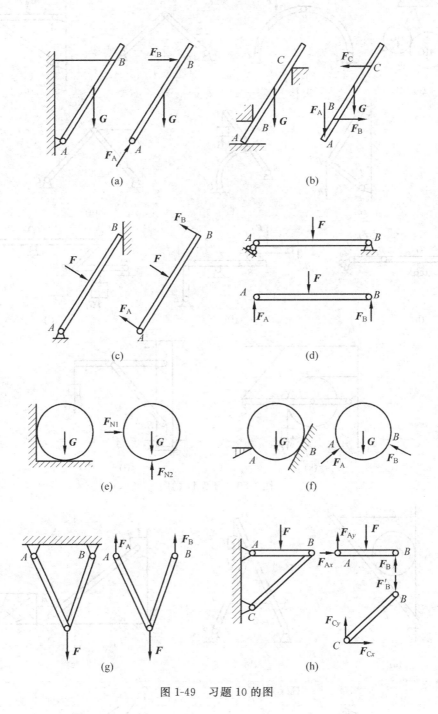

图 1-49 习题 10 的图

11. 画出图 1-50 中各构件的受力图。
12. 画出图 1-51 所示物系中各构件及整体的受力图。

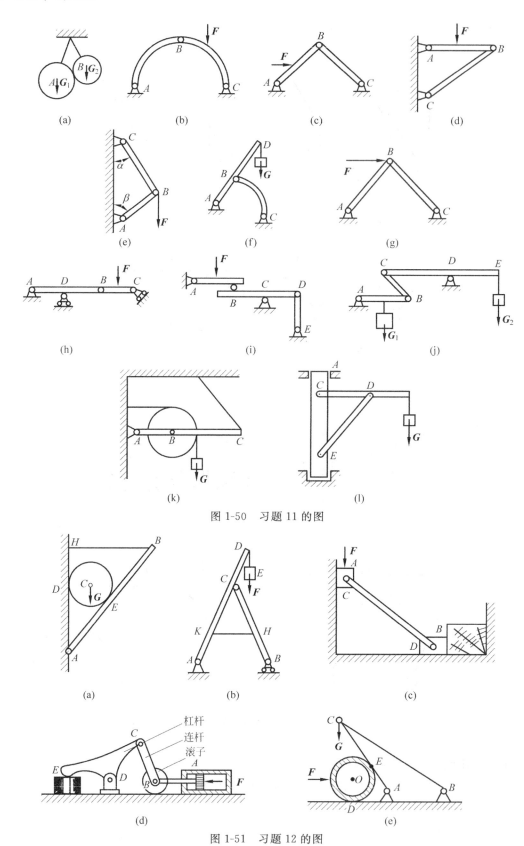

图 1-50 习题 11 的图

图 1-51 习题 12 的图

模块 2

构件静力问题的分析与解决

【引言】

为使机构达到"实现使用功能"这一目标,将进行示范项目 1 中"5.工作步骤"的(4),因此必须完成模块 2 的学习和训练任务。

模块 2 的内容有两大部分,一是把构件上的力系进行合成(简化)以求合力/合力偶,二是掌握力系平衡总则,分析解决工程中的静力平衡问题。

【知识学习目标】

(1) 理解平面力系合成的方法、过程和相关公式。
(2) 理解主矢与合力、主矩与合力偶及其区别。
(3) 理解力系平衡总则及平衡方程式。
(4) 理解物系的拆分及研究对象的选取。
(5) 了解静定与静不定问题。
(6) 理解滑动摩擦力性质、摩擦定律。理解摩擦角与自锁及其工程应用。

【能力训练目标】

(1) 会把平面的汇交力系、力偶系、任意力系进行合成。
(2) 能够灵活应用力系平衡总则分析解决单个构件和物系的平衡问题。
(3) 会用力系平衡总则及摩擦定律分析解决带摩擦的平衡问题。

任务 2.1 构件平面力系的合成

2.1.1 平面汇交力系的合成

力系中各力作用线共处同一平面,且全部汇交于一点,即构成平面汇交力系。如图 2-1 所示的固定环,如图 2-2 所示的压榨器的节点 A 和压榨块 B,它们所受到的力系就是平面汇交力系。把平面汇交力系进行合成,就是求平面汇交力系的合力。

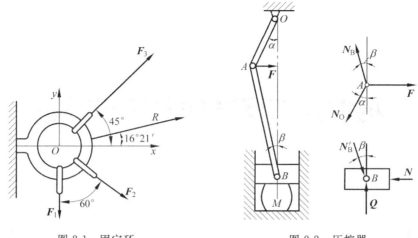

图 2-1 固定环　　　　　　图 2-2 压榨器

 能力训练——平面汇交力系合成示例

例 2-1 已知物体的 O 点作用着平面汇交力系 (F_1, F_2, F_3, F_4),其中 $F_1 = F_2 = 100\text{N}$,$F_3 = 150\text{N}$,$F_4 = 200\text{N}$,各力的方向如图 2-3(a)所示。求此力系合力的大小和方向。

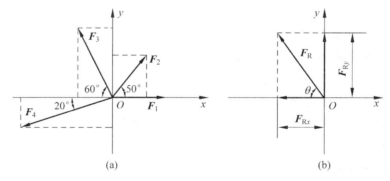

图 2-3 平面汇交力系合成

解:

(1) 建立平面直角坐标系 Oxy。

(2) 由合力投影定理分别计算合力 F_R 的两个投影。

$$F_{Rx} = \sum F_x = F_{1x} + F_{2x} + F_{3x} + F_{4x}$$
$$= 100 + 100\cos50° - 150\cos60° - 200\cos20° = -98.7(\text{N})$$

$$F_{Ry} = \sum F_y = F_{1y} + F_{2y} + F_{3y} + F_{4y}$$
$$= 0 + 100\sin50° + 150\sin60° - 200\sin20°$$
$$= 138.1(\text{N})$$

(3) 求合力 F_R 的大小和方向。

$$F_R = \sqrt{F_{Rx}^2 + F_{Ry}^2} = \sqrt{\left(\sum F_x\right)^2 + \left(\sum F_y\right)^2}$$
$$= \sqrt{(-98.7)^2 + 138.1^2} = 168.7(\text{N})$$

$$\theta = \tan^{-1}\left|\frac{F_{Ry}}{F_{Rx}}\right| = \tan^{-1}\left|\frac{138.1}{-98.7}\right| = 54.5° = 54°28'$$

由于投影 F_{Rx} 为"−"、F_{Ry} 为"+",表明分力 F_{Rx} 沿 x 轴负向、F_{Ry} 沿 y 轴正向,据此可确定合力 F_R 从 O 点起指向左上方,如图 2-3(b)所示。

2.1.2 平面力偶系的合成

见"1.3.5 力偶系的合成与平衡"。

2.1.3 平面一般(任意)力系的合成

力系中各力作用线共处同一平面,但并不都汇交于一点,又不平行,即构成平面一般(任意)力系,如图 1-38、图 1-39 所示。把平面一般力系进行合成,就是求平面一般力系的合力。

平面一般力系是工程实际中最常见的一种力系,即使是空间力系,有些也可以转化为平面力系来求解。因此,分析和解决平面任意力系问题的方法具有普遍性,意义重大。

能力训练——平面一般力系合成示例 1

例 2-2 已知平面一般力系中各力的方位如图 2-4(a)所示,各力的大小为 $F_1 = 800\text{N}$,$F_2 = 600\text{N}$,$F_3 = 1000\text{N}$,$F_4 = 500\text{N}$,每刻度图示长度为 100mm。求该力系合成的最后结果。

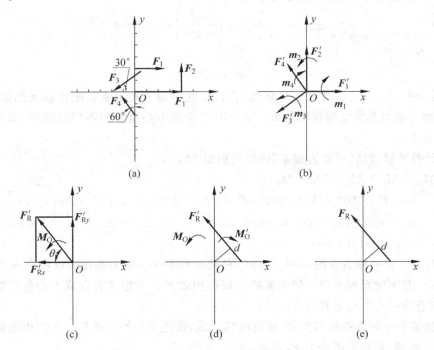

图 2-4 平面一般力系合成过程

解：

(1) 将各力平移到合成中心 O 点

根据力的平移定理，可把"平面一般力系"转化为"平面汇交力系"加"平面力偶系"，如图 2-4(b)所示。

(2) 计算平移所得"平面汇交力系"的合力 F'_R

$$F'_{Rx} = \sum F_x = F_{1x} + F_{2x} + F_{3x} + F_{4x}$$
$$= F_1 + 0 - F_3\cos30° - F_4\sin60°$$
$$= 800 - 1000 \times 0.866 - 500 \times 0.866$$
$$= -499(\text{N})$$

$$F'_{Ry} = \sum F_y = F_{1y} + F_{2y} + F_{3y} + F_{4y}$$
$$= 0 + F_2 - F_3\sin30° + F_4\cos60°$$
$$= 600 - 1000 \times 0.5 + 500 \times 0.5$$
$$= 350(\text{N})$$

由于投影 F'_{Rx} 为负、F'_{Ry} 为正，所以 F'_R 的分力 F'_{Rx} 沿 x 轴负向、F'_{Ry} 沿 y 轴正向，据此可画出 F'_R 的方向是从 O 点起指向左上方，如图 2-4(c)所示。

F'_R 的大小和方向角可按式(1-2)确定：

$$F'_R = \sqrt{F'^2_{Rx} + F'^2_{Ry}} = \sqrt{\left(\sum F_x\right)^2 + \left(\sum F_y\right)^2}$$
$$= \sqrt{(-499)^2 + (350)^2} = 610(\text{N})$$

F'_R 与 x 轴负向所夹之锐角 θ 的正切为

$$\tan\theta = \left|\frac{F'_{Ry}}{F'_{Rx}}\right| = \left|\frac{350}{-499}\right| = 0.7014$$

因此，有

$$\theta = 35°$$

称 F'_R 为平面一般力系的主矢。显然，它只反映平面一般力系使刚体移动的效果，并不能反映平面一般力系的全部作用效果。主矢不随合成中心位置的不同而改变，即与合成中心的位置无关。

(3) 计算平移所得"平面力偶系"的合力偶矩 M_O

$$M_O = M_1 + M_2 + M_3 + M_4$$
$$= -F_1 \times 200 + F_2 \times 400 + F_3\sin30° \times 200 - F_4\sin60° \times 200$$
$$= -800 \times 200 + 600 \times 400 + 1000 \times 0.5 \times 200 - 500 \times 0.866 \times 200$$
$$= 93400(\text{N} \cdot \text{mm})$$

称 M_O 为平面一般力系的主矩。当然，它只反映平面一般力系使刚体绕合成中心 O 点转动的效果，并不能反映平面一般力系的全部作用效果。主矩随着合成中心位置的不同而改变，即与合成中心的位置有关。

(4) 如果主矢和主矩都不为零，还可继续合成，即把主矢恰当平移后所产生的附加力偶与主矩恰好抵消，最后可得合力 F_R。

对于本例，主矢应向右上方平移，以产生顺时针附加力偶 m'_O 与逆时针主矩 m_O 抵消，平移距离 d 计算如下：

$$d = \left|\frac{M_O}{F'_R}\right| = \left|\frac{93400}{610}\right| = 153.1(\text{mm})$$

如图 2-4(d)所示。

到达最终位置(已离开 O 点)的力 F_R 即为整个平面一般力系的合力，它能反映平面一般力系的全部作用效果，如图 2-4(e)所示。可见，合力的大小和方向与主矢完全相同，但两者力线位置不同。

能力训练——平面一般力系合成示例 2

例 2-3 如图 2-5(a)所示的平面一般力系，每方格边长为 100mm，$F_1 = F_2 = 100\text{N}$，$F_3 = F_4 = 100\sqrt{2}\text{N}$，以 A 点为合成中心，求该力系的合力。

解：

(1) 计算主矢 $\boldsymbol{F'_R}$

$$F'_{Rx} = \sum F_x = -F_1 - F_3\cos45° + F_4\cos45° = -100(\text{N})$$

$$F'_{Ry} = \sum F_y = -F_2 + F_3\sin45° + F_4\sin45° = 100(\text{N})$$

主矢的大小为

$$F'_R = \sqrt{\left(\sum F_x\right)^2 + \left(\sum F_y\right)^2} = 100\sqrt{2}(\text{N})$$

主矢与 x 轴的夹角为

$$\alpha = \tan^{-1}\left|\frac{\sum F_y}{\sum F_x}\right| = 45°$$

由于投影 F'_{Rx} 为 −、F'_{Ry} 为 +，表明分力 F'_{Rx} 沿 x 轴负向、F'_{Ry} 沿 y 轴正向，据此可确定主矢 $\boldsymbol{F'_R}$ 从 A 点起指向左上方，与 x 轴成 45°角，如图 2-5(b)所示。

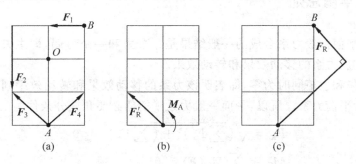

图 2-5 平面一般力系合成示例 1

(2) 计算主矩 M_A

$$M_A = \sum M_A(F) = F_1 \cdot 0.3 + F_2 \cdot 0.1 = 40(\text{N} \cdot \text{m})$$

(3) 将主矢和主矩合成

因主矢和主矩都不为零，还可继续合成，即将主矢 F'_R 向右上方平移恰当距离 d，以恰好抵消主矩 M_A：

$$d = \frac{M_A}{F'_R} = \frac{40000}{100\sqrt{2}} = 200\sqrt{2}(\text{mm})$$

最后通过 B 点单独的力 F_R 方为原平面一般力系的最后合成结果，即合力 F_R，如图 2-5(c)

所示,其大小为 $100\sqrt{2}$ N,与 x 轴成 $45°$ 角,指向左上方。

能力训练——平面一般力系合成示例3

例 2-4 如图 2-6 所示刚架,已知 $F_{Ax}=3$ kN,$F_{Ay}=5$ kN,$F_B=1$ kN,$M=2.5$ kN·m,$F=5$ kN,图中尺寸单位为 m。求该力系的合力。

解: 以 C 点为合成中心,采取简化解法。

(1) 计算主矢 F'_R

$$\sum F_x = F_{Ax} - F \cdot 0.6 = 3 - 5 \times 0.6 = 0$$

$$\sum F_y = F_{Ay} - F_B - F \cdot 0.8 = 5 - 1 - 5 \times 0.8 = 0$$

主矢的大小为

$$F'_R = \sqrt{\left(\sum F_x\right)^2 + \left(\sum F_y\right)^2} = 0$$

(2) 计算主矩 M_C

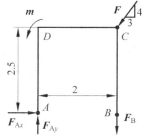

图 2-6 平面一般力系合成示例 2

$$M_C = \sum M_C(F) = M + F_{Ax} \cdot 2.5 - F_{Ay} \cdot 2 = 2.5 + 3 \times 2.5 - 5 \times 2 = 0$$

主矢和主矩同时为零,则该力系的合力必定为零,为平衡力系。

由本例可见,力偶对主矢的计算无影响,这是因为力偶中的两个力等值、反向,在任一轴上投影的代数和都等于零。但力偶对主矩有影响,根据力偶的性质,无论以何点为合成中心,在计算主矩时都以力偶矩代入。

任务 2.2 构件平衡问题的分析与解决

2.2.1 力系平衡总则

由上可知,平面一般力系合成的一般结果是一个力和一个力偶,即主矢和主矩,它们分别反映着平面一般力系的移动效果和转动效果。

显然,当主矢和主矩同时为零,即表明该力系的移动效果和转动效果同时为零,此时平面一般力系成为平衡力系。所以,平面一般力系平衡的必要和充分条件为

$$F_R = \sqrt{\left(\sum F_x\right)^2 + \left(\sum F_y\right)^2} = 0$$
$$M_O = \sum M_O(F) = 0$$

继而可得平面一般力系的平衡方程:

$$\left.\begin{array}{l}\sum F_x = 0 \\ \sum F_y = 0 \\ \sum M_O(F) = 0\end{array}\right\} \tag{2-1}$$

因平面汇交力系、平面平行力系和平面力偶系是平面一般力系的特殊情况,故同样适用于上述平衡方程。

在求解每个构件的平面一般力系的平衡问题时,能且最多只能求出三个未知力。

式(2-1)为平面一般力系平衡方程的基本式,也称为两投影一力矩式。除此之外还有

其他两种形式,见表 2-1。

表 2-1 平衡方程的其他形式

一投影两力矩式平衡方程	$\left.\begin{array}{l}\sum F_x = 0\left(\sum F_y = 0\right)\\ \sum M_A(\boldsymbol{F}) = 0\\ \sum M_B(\boldsymbol{F}) = 0\end{array}\right\}$ 其中,A、B 两点连线不能与投影轴 x(或 y)垂直	(2-2)
三力矩式平衡方程	$\left.\begin{array}{l}\sum M_A(\boldsymbol{F}) = 0\\ \sum M_B(\boldsymbol{F}) = 0\\ \sum M_C(\boldsymbol{F}) = 0\end{array}\right\}$ 其中,A、B、C 三点不能共线	(2-3)

可把上述平衡条件和平衡方程概括为力系平衡总则:

平衡力系	⟺	各力在任一轴上的投影代数和为零
		各力(力偶)对任一点的力矩(力偶矩)代数和为零

掌握了力系平衡总则后,不必记忆平面各种力系的平衡方程的各种形式,在求解不同力系的平衡问题时,可根据具体情况,恰当地建立投影轴,尽可能地使投影轴平行于(或垂直于)几个未知力;灵活地选取矩心,尽可能地使矩心处在几个未知力的交点上。其目的都是尽可能地使一个平衡方程里只含有一个未知量,避免联立方程,以方便求解。

2.2.2 构件平衡问题的分析与解决

应用力系平衡总则分析与解决构件平衡问题的基本步骤如下。
(1) 选取研究对象,画出受力图。
(2) 恰当建立投影轴及灵活选取矩心,列出平衡方程。
(3) 求解未知量。

相对于单个构件的平衡问题而言,由于物系的构件多、外力多、内力多,所以物系平衡问题的分析与解决较为复杂,基本步骤同上,还应注意的是根据物系具体情况灵活而恰当地选取研究对象,一般有以下两种方法。

(1) 先整体后拆开。先以整个物系为研究对象,求出部分未知量,然后再拆开物系,选取其中合适研究对象,求出其余未知量。

(2) 拆开物系逐个求解。有时以整个物系为研究对象无法求出任何未知量,则须将物系拆开,先选既有已知力且未知力较少的构件为研究对象,求解出部分未知量,再取其他构件为对象,直到求出所有未知量。

能力训练——单个构件平衡问题的分析与解决示例 1

例 2-5 如图 2-7(a)所示,一个简支梁 AB 中点上作用载荷 F,已知 $F=20\text{kN}$,求支座 A、B 的反力。

解:
(1) 取梁 AB 为研究对象作其受力图,如图 2-7(b)所示。A 处为可动铰链支座,约束反

力 F_A 垂直于斜面向上。B 处为固定铰链支座，约束反力是 F_{Bx}、F_{By}。

（2）建立直角坐标系。上一步 F_{Bx}、F_{By} 已说明了坐标轴，该步骤可省略。

（3）列方程并求解未知力。

$$\sum M_A(\boldsymbol{F}) = 0$$
$$F_{By} \cdot AB - F_A \cdot 0.5 \cdot AB = 0$$
$$F_{By} \cdot AB - 20 \cdot 0.5 \cdot AB = 0$$

得：
$$F_{By} = 10 \text{(kN)}$$
$$\sum F_y = 0, \quad F_A \cdot \sin 45° - F + F_{By} = 0$$
$$F_A \cdot \sin 45° - 20 + 10 = 0$$

得：
$$F_A = 10\sqrt{2} = 14.1 \text{(kN)}$$
$$\sum F_x = 0, \quad F_A \cdot \cos 45° + F_{Bx} = 0$$
$$10\sqrt{2} \cdot \cos 45° + F_{Bx} = 0$$

得：
$$F_{Bx} = -10 \text{(kN)}$$

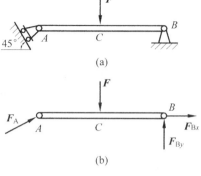

图 2-7 简支梁受力图

说明：

（1）F_{Bx} 为负值说明它的实际指向与原假设指向相反，但不必更改受力图。

（2）一般情况下，固定铰链的两个约束分力 F_{Bx}、F_{By} 不必合成。

能力训练——单个构件平衡问题的分析与解决示例 2

例 2-6 如图 2-8 所示，一个悬臂梁 AB 上作用着集中力 F、力偶 m 和载荷集度为 q 的均布载荷。已知 $l = 1\text{m}, F = 20\text{kN}, M = 10\text{kN} \cdot \text{m}, q = 10\text{kN/m}$。求固定端 A 处的约束反力。

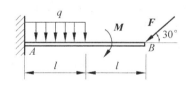

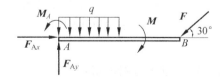

图 2-8 悬臂梁受力图

解： q 为均布载荷的载荷集度，其合力 $Q = ql$，视为作用于均布载荷的中点。

（1）取梁 AB 为研究对象，并作出其受力图。

(2) 列方程并求解未知力。

$$\sum F_x = 0, \quad F_{Ax} - F\cos 30° = 0$$
$$F_{Ax} - 20 \cdot \cos 30° = 0$$
$$F_{Ax} = 17.3(\text{kN})$$

$$\sum F_y = 0, \quad F_{Ay} - F\sin 30° - ql = 0$$
$$F_{Ay} - 20 \cdot \sin 30° - 10 \times 1 = 0$$
$$F_{Ay} = 20(\text{kN})$$

$$\sum M_B(\boldsymbol{F}) = 0, \quad M_A - F_{Ay} \cdot 2l + q \cdot l \cdot 1.5l - M = 0$$
$$M_A - 20 \times 2 \times 1 + 10 \times 1 \times 1.5 \times 1 - 10 = 0$$
$$M_A = 35(\text{kN} \cdot \text{m})$$

说明：切记不要漏画、漏算固定端的约束反力偶矩 $\boldsymbol{M_A}$。

能力训练——单个构件平衡问题的分析与解决示例3

例 2-7 如图 2-9(a)所示，一个简支梁 $DABC$ 上作用着载荷：$F = 2\text{kN}, M = 2.5\text{kN} \cdot \text{m}$，$q = 1\text{kN/m}$。求支座 A、B 的约束反力。

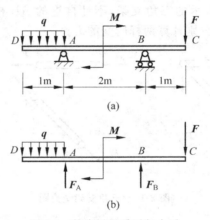

图 2-9 简支梁承受平行力系

解：
(1) 作梁 $DABC$ 的受力图如图 2-9(b)所示，这是平面平行力系。
(2) 列方程并求解未知力。

$$\sum M_A(\boldsymbol{F}) = 0$$
$$q \cdot 1 \times 0.5 - M + F_B \cdot 2 - F \cdot 3 = 0$$
$$1 \times 1 \times 0.5 - 2.5 + F_B \cdot 2 - 3 \times 2 = 0$$
$$F_B = 4(\text{kN} \cdot \text{m})$$

$$\sum F_y = 0$$
$$F_A + F_B - q \cdot 1 - F = 0$$
$$F_A + 4 - 1 \times 1 - 2 = 0$$
$$F_A = -1(\text{kN})$$

说明：平面平行力系一般先列力矩方程求出一未知力，再列投影方程求另一个力。

能力训练——单个构件平衡问题的分析与解决示例 4

例 2-8 如图 2-10(a)所示,一个简支梁 AB 上作用着力偶 M,已知 $M=10\text{kN}\cdot\text{m}$,$l=4\text{m}$。求支座 A、B 的约束反力。

解:

(1) 因梁上只有一个主动力偶,根据力偶的性质,A、B 支座的约束反力必然组成另一个力偶,才能与主动力偶平衡,于是作出受力图如图 2-10(b)所示。

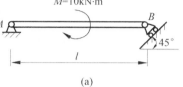

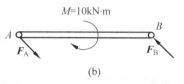

(2) 列方程并求解未知力。

$$\sum M = 0$$
$$-M + F_A \cdot l \cdot \sin 45° = 0$$
$$-10 + F_A \cdot 4 \cdot \sin 45° = 0$$
$$F_A = F_B = 2.5\sqrt{2} = 3.53(\text{kN})$$

图 2-10 简支梁承受力偶系

说明: 本例是平衡的平面力偶系,只有 1 个独立平衡方程,只能求出 1 个未知力。

能力训练——物系平衡问题的分析与解决示例 1

例 2-9 如图 2-11(a)所示的三角支架,不计自重的 AB 杆与 AC 杆间的夹角为 $30°$,A 点悬挂着重物 $F=50\text{kN}$,分别计算两杆所受的力。

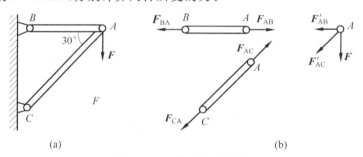

图 2-11 三角支架受力图

解:

(1) 首先识别出 AB 杆与 AC 杆均为链杆(二力杆),并假设为拉杆。

(2) 取 A 点为研究对象,作其受力图,如图 2-11(b)所示。

(3) 按照默认的直角坐标系,可不画出。

(4) 列方程并求解未知力。

$$\sum F_y = 0$$
$$-F_{AC} \cdot \sin 30° - F = 0$$
$$-F_{AC} \cdot \sin 30° - 50 = 0, F_{AC} = -100(\text{kN})(\text{实际是压杆})$$
$$\sum F_x = 0$$
$$-F_{AC} \cdot \cos 30° - F_{AB} = 0$$
$$-(-100) \cdot \cos 30° - F_{AB} = 0, F_{AB} = 86.6(\text{kN})(\text{实际是拉杆})$$

说明:

(1) 本例的受力分析可参考例 1-7。

(2) 本例是平衡的平面汇交力系,可列出 2 个独立平衡方程,只能求出 2 个未知力。

能力训练——物系平衡问题的分析与解决示例 2

例 2-10 如图 2-12(a)所示为一组合梁。已知均布载荷 $q=10\text{kN/m}$,$a=2\text{m}$。求固定端 A、铰支座 D 及中间铰链 C 的约束力。

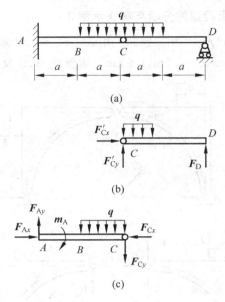

图 2-12 组合梁拆分受力图

解：若以整条组合梁为研究对象，则未知数是 4 个，无法求解，因此拆分为二。

(1) 以 CD 部分为研究对象，其受力图如图 2-12(b)所示。

$$\sum F_x = 0$$
$$F_{Cx} = 0$$
$$\sum M_C(F) = 0$$
$$F_D \cdot 2a - q \cdot a \cdot 0.5a = 0$$
$$F_D \cdot 2 \times 2 - 10 \times 2 \times 0.5 \times 2 = 0$$
$$F_D = 5(\text{kN})$$
$$\sum F_y = 0$$
$$F_{Cy} - qa + F_D = 0$$
$$F_{Cy} - 10 \times 2 + 5 = 0$$
$$F_{Cy} = 15(\text{kN})$$

(2) 再以 AC 部分为研究对象，其受力图如图 2-12(c)所示。

$$\sum F_x = 0$$
$$F_{Ax} - F_{Cx} = 0, F_{Ax} = 0$$
$$\sum F_y = 0$$
$$F_{Ay} - qa - F_C = 0$$
$$F_{Ay} - 10 \times 2 - 15 = 0, F_{Ay} = 35(\text{kN})$$

$$\sum M_A(\boldsymbol{F}) = 0$$
$$M_A - F_{Cy} \cdot 2a - q \cdot a \cdot 1.5a = 0$$
$$M_A - 15 \times 2 \times 2 - 10 \times 2 \times 1.5 \times 2 = 0, \quad M_A = 120(\text{kN} \cdot \text{m})$$

能力训练——物系平衡问题的分析与解决示例3

例 2-11 如图 2-13(a)所示为三铰拱，由 AC 和 BC 两部分铰接而成。已知 $F_1 = 150\text{kN}, F_2 = 250\text{kN}, a = 1.5\text{m}, b = 2.5\text{m}, L = 5\text{m}$。求支座 A、B 及中间铰链 C 的约束力。

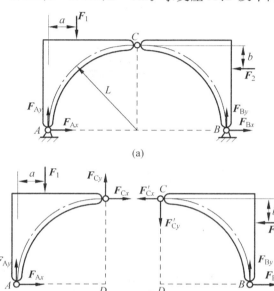

图 2-13 三铰拱受力图

解：若把三铰拱拆开，则 AC 和 BC 的未知力都是 4 个，不能单独求解，须解联立方程组，计算量较大。但以整体为对象能解出部分未知力，故先以整体为研究对象。

(1) 以整体为研究对象，其受力图如图 2-13(a)所示，并列方程求解：

$$\sum M_A(\boldsymbol{F}) = 0$$
$$-F_1 \cdot a + F_2 \cdot (L-b) + F_{By} \cdot 2L = 0$$
$$-150 \times 1.5 + 250 \times (5-2.5) + F_{By} \cdot 2 \times 5 = 0$$
$$F_{By} = -40(\text{kN})$$

$$\sum F_y = 0$$
$$F_{Ay} + F_{By} - F_1 = 0$$
$$F_{Ay} - 40 - 150 = 0$$
$$F_{Ay} = 190(\text{kN})$$

(2) 再以 AC 部分为研究对象，其受力图如图 2-13(b)所示。

$$\sum M_C(\boldsymbol{F}) = 0$$
$$F_{Ax} \cdot L - F_{Ay} \cdot L + F_1 \cdot (L-a) = 0$$
$$F_{Ax} \cdot 5 - 190 \times 5 + 150 \times (5-1.5) = 0$$

$$F_{Ax} = 85(\text{kN})$$
$$\sum F_x = 0$$
$$F_{Ax} + F_{Cx} = 0$$
$$85 + F_{Cx} = 0$$
$$F_{Cx} = -85(\text{kN})$$
$$\sum F_y = 0$$
$$F_{Ay} + F_{Cy} - F_1 = 0$$
$$190 + F_{Cy} - 150 = 0$$
$$F_{Cy} = -40(\text{kN})$$

(3) 再以整体为研究对象。
$$\sum F_x = 0$$
$$F_{Ax} + F_{Bx} - F_2 = 0$$
$$85 + F_{Bx} - 250 = 0$$
$$F_{Bx} = 165(\text{kN})$$

或者以 BC 部分为研究对象，也可求出 F_{Bx}，其受力图如图 2-13(c)所示。

 能力训练——物系平衡问题的分析与解决示例 4

例 2-12 如图 2-14(a)所示支架，由不计自重的水平横梁 AB 和斜撑杆 CD 组成，A、C、D 三处均为铰接。已知载荷 $F=10\text{kN}$。求铰 A 的约束反力及 CD 杆所受的力。

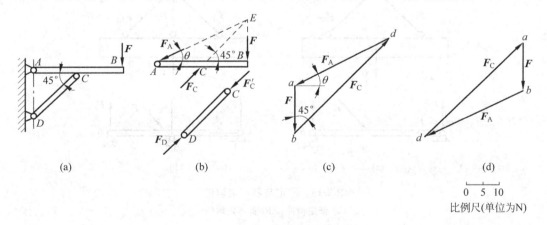

图 2-14 三力平衡汇交解算

解：

(1) 首先识别出斜撑杆 CD 为链杆（二力杆），由前述切断法可判断出为压杆。

(2) 取水平横梁 AB 为研究对象，作其受力图，如图 2-14(b)所示。

注意：固定铰链 A 点的约束反力有两种画法，其一是画成两个分力，其二是根据三力平衡汇交原理画成一个反力，本例画成一个反力 F_A，三力汇交点是 E。

(3) 由于三力构成平衡力系，这三力应组成一个闭合的力三角形，可按自取的比例尺画出。如图 2-14(c)、图 2-14(d)所示。

(4) 在闭合的力三角形中按所设比例尺测量出铰 A 约束反力及 CD 杆受力：
$$F_A = 22.4(kN), \quad F_C = 28.3(kN)$$

> 【示范项目 1 工作步骤(4)】应用力系平衡总则，各组按照不同的参数（人力 F；最小冲压力 N），初步设计确定各构件长度尺寸和其他参数。续写设计说明书（草稿），用 4 号图纸画出机构简图（草图）。
>
> 结果可参考见附录 B【工作步骤 4】。
>
> 然后参照上述步骤，同学们可在教师指导下分组完成附录 A 中某一实践项目的工作步骤(4)。

2.2.3 静定与静不定问题的实例和概念

若物系中有 n 个构件且处于平衡状态，则组成该物系的每一构件也必定处于平衡状态。由于每个平面平衡力系最多有 3 个独立的平衡方程，则物系最多能列 $3n$ 个独立的平衡方程，即最多能解 $3n$ 个未知量。

若物系所有未知量的数目不超过 $3n$ 个时，则所有未知量都可解出，这类问题称为静定问题。而当物系中未知量的数目超过 $3n$ 个时，仅用静力平衡方程不能求出所有未知量，这类问题称为静不定问题（或超静定问题），如图 2-15 所示。

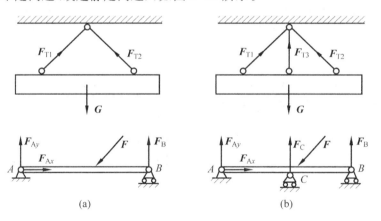

图 2-15 静定与静不定构件
(a) 静定构件；(b) 静不定构件

如果不把构件抽象为刚体，而是作为实际的变形体，并分析建立变形与力之间的关系，则可列出补充方程，从而解决静不定问题。

任务 2.3 摩擦平衡问题的分析与解决

2.3.1 对摩擦平衡问题的分析与解决

前面，把构件间的接触面都看成是理想光滑的，没有考虑接触面间的摩擦力。但实际上绝对光滑的接触面并不存在,接触面间都具有不同程度的摩擦。只是在机械设备中,许多构件的接触面加工得很光滑且工作时润滑得也很好,摩擦力与外载相比小得多,不起主要作用,且忽略摩擦后,使平衡问题的分析与解决大大地简化了。

摩擦现象在自然界里是普遍存在的,在许多问题中,摩擦力对构件的运动与平衡起着主要(决定性)作用。例如,制动器靠摩擦力来刹车,带传动靠摩擦力来传递运动和动力,车床的卡盘靠摩擦力来夹紧工件等。

摩擦现象比较复杂,可按不同情况来分类。

(1) 按有无运动,分为动摩擦和静摩擦。

(2) 按运动形式,分为滑动摩擦和滚动摩擦。

(3) 按有无润滑,分为湿摩擦和干摩擦。

两个互相接触的物体,当它们之间有相对滑动趋势或已经发生相对滑动时,在接触面上产生的阻碍相对滑动趋势或相对滑动的力叫做滑动摩擦力。摩擦力的方向,总是沿着接触面的公切线方向,并与物体相对滑动趋势或相对滑动的方向相反。

一个重为 G 的物块放置在桌面上,如图 2-16 所示,此时在铅垂方向上,物块的重力 G 与桌面的约束反力 F_N 平衡。

(1) 当物块未受到水平外力 F 时,物块无滑动趋势,此时不会有滑动摩擦力。

即主动力 $F=0$ 时,摩擦力 $F_f=0$。

(2) 当物块受到水平外力 F 时,物块有滑动趋势(尚未滑动),此时就有静滑动摩擦力 F_f。

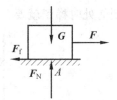

图 2-16 滑动摩擦力

即主动力 $F>0$ 时,摩擦力 $F_f>0$。

(3) 当物块受到的水平外力 F 由零逐渐增大时,物块的滑动趋势(尚未滑动)也逐渐增强,此时静滑动摩擦力 F_f 也逐渐增大。当水平外力 F 增大到某一数值时,静滑动摩擦力也增大到了它的最大值(极限值) F_{fmax},此时物块处于将要滑动而未滑动的临界平衡状态。

综上所述,静滑动摩擦力随主动力的大小而变化,静摩擦力 F_f 的大小介于零与最大静摩擦力 F_{fmax} 之间,它的变化范围是:

$$0 \leqslant F_f \leqslant F_{fmax}$$

具体数值由平衡方程求出。

应当指出,只有当物体达到临界平衡状态时,静滑动摩擦力才达到它的最大值,才可按下式计算:

$$F_{fmax} = f \cdot F_N \tag{2-4}$$

一般情况下不可用该式,而必须用平衡方程求解。

表 2-2 列出了常用材料的摩擦因数。

求解有摩擦的平衡问题与前述无摩擦平衡问题的思路和方法基本相同,但在受力分析和列平衡方程时都必须把摩擦力列入其中。

画受力图时,必须正确画出摩擦力方向,其指向不可随意假设,否则会使计算出错。在计算摩擦力大小时,必须分清物体所处的状态。物体在一般静止平衡状态时,静滑动摩擦力由平衡方程确定,只有物体处在将动未动的临界平衡状态时,静滑动摩擦力才是最大值。还要注意,在一般情况下,两物体间的压力 N 并不等于物体的重力,它也应由平衡方程确定。

表 2-2 常用材料的滑动摩擦因数

材　料	静滑动摩擦因数 f		动滑动摩擦因数 f'	
	无润滑	有润滑	无润滑	有润滑
钢-钢	0.15	0.1~0.12	0.1	0.05~0.1
钢-铸铁	0.2~0.3	—	0.16~0.18	0.05~0.15
软钢-铸铁	0.2	—	0.18	0.05~0.15
软钢-青铜	0.2	—	0.18	0.07~0.15
铸铁-青铜	0.28	0.16	0.15~0.21	0.07~0.15
铸铁-皮革	0.55	0.15	0.28	0.12
木材-木材	0.4~0.6	0.1	0.2~0.5	0.07~0.1

能力训练——摩擦平衡问题的分析与解决示例1

例 2-13 长 4m、重 200N 的梯子,斜靠在光滑的墙上(如图 2-17(a)所示),梯子与地面成 $\alpha=60°$ 角,梯子与地面的静滑动摩擦因数 $f=0.4$,有一个重 600N 的人登梯而上,此人上到何处时梯子就要开始滑倒?

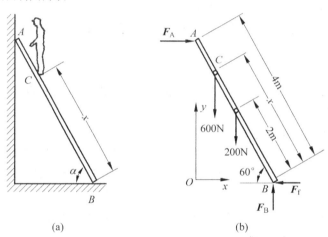

图 2-17 梯子带摩擦平衡

解:作梯子的受力图,如图 2-17(b)所示,因梯子与墙光滑接触,故 A 点无摩擦力,B 点有摩擦力 F_f。设梯子将要滑动时,人站在 C 点,此时梯子处于临界状态,摩擦力为最大静摩擦力,令 $BC=x$,列方程并求解:

$$\sum F_y = 0$$
$$F_B - 600 - 200 = 0$$
$$F_B = 800(N)$$
$$F_f = F_{fmax} = f \cdot F_B = 0.4 \times 800 = 320(N)$$

$$\sum F_x = 0$$
$$F_A - F_f = 0$$
$$F_A = F_f = 320(N)$$

$$\sum M_B(\boldsymbol{F}) = 0$$

$$-4F_A\sin 60° + 600 \cdot x \cdot \cos 60° + 2 \times 200\cos 60° = 0$$

解得: $x = 3.03 \text{(m)}$

能力训练——摩擦平衡问题的分析与解决示例 2

例 2-14 一制动器的结构和尺寸如图 2-18(a)所示。已知圆轮上作用一力偶 m,制动块和圆轮表面之间的静摩擦因数为 f。忽略制动块的厚度,求制动圆轮所需的力 F 的最小值。

解:这是物系摩擦平衡问题。当圆轮恰好能被制动时,物系处于临界平衡状态,此时,摩擦力为最大静摩擦力,主动力 F 是最小值。

(1) 先取已知力偶 m 所在圆轮作为研究对象,其受力图如图 2-18(b)所示,列方程求解:

$$\sum M_O(\mathbf{F}) = 0$$
$$M - F_f r = 0$$
$$F_f = \frac{M}{r}$$
$$F_f = F_{f\max} = f \cdot F_N$$
$$F_N = \frac{F_f}{f} = \frac{M}{fr}$$

(2) 再取制动杆 ABD 为研究对象,其受力图如图 2-18(c)所示,列方程求解:

$$\sum M_A(\mathbf{F}) = 0, \quad F \cdot a + F'_f \cdot c - F'_N \cdot b = 0$$

解得:

$$F = \frac{M}{ra}\left(\frac{b}{f} - c\right)$$

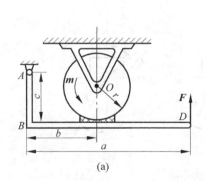
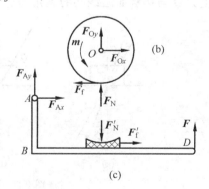

图 2-18 制动器带摩擦平衡

2.3.2 摩擦角与自锁及其工程应用

如前所述,光滑接触约束所产生的约束力是法向反力 F_N。

在有摩擦的情况下,接触面对构件的约束力由两部分组成,即法向反力 F_N 与沿接触面的摩擦力 F_f,其合力称为接触面的全约束反力,简称全反力,以 F_R 表示,如图 2-19(a)所示,

全反力 F_R 与法向约束力 F_N 之间的夹角以 φ 表示。

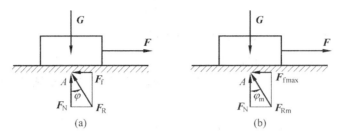

图 2-19 全反力与摩擦角

当摩擦力 F_f 随着主动力 F 的增大而逐渐增大时,全反力 F_R 及夹角 φ 的数值也随之增大。当摩擦力 F_f 达到最大值 F_{fmax} 时,全反力及夹角 φ 也分别达到各自最大值 F_{Rm} 及 φ_m,如图 2-19(b)所示,夹角 φ 的最大值 φ_m 称为摩擦角。

由图 2-19(b)可知:

$$\tan\varphi_m = \frac{F_{fmax}}{F_N} = \frac{f \cdot F_N}{F_N} = f \tag{2-5}$$

即摩擦角的正切等于静摩擦因数,摩擦角为全反力与接触面法线间的最大夹角。可见,f 与 φ_m 都是表征材料摩擦性质的物理量。

对于有摩擦的物块,可将其上全部主动力也合成为一个力,即全主力 Q。这样物块的全部作用力只有两个,即全主力 Q 和全反力 F_R。

根据二力平衡原则,当物块平衡时,全主力 Q 与全反力 F_R 必然等值、反向、共线。因此在静止状态下,夹角 φ 必在 0 与最大值 φ_m 之间,即

$$0 \leq \varphi \leq \varphi_m$$

设全主力 Q 与接触面法线间的夹角为 α,如图 2-20 所示,则有:

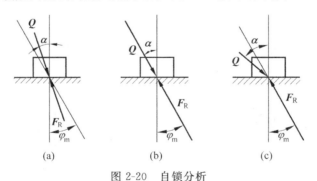

图 2-20 自锁分析

(a) 自锁状态,$\alpha < \varphi_m$;(b) 临界平衡,$\alpha = \varphi_m$;(c) 运动,$\alpha > \varphi_m$

(1) $\alpha < \varphi_m$ 时,即全主力 Q 的作用线在摩擦角之内时,此时无论 Q 值有多么大,在接触面上总能产生与它等值、反向、共线的全反力 F_R 而使构件保持静止状态,这种现象称为自锁,如图 2-20(a)所示。

(2) $\alpha = \varphi_m$ 时,构件处于临界平衡状态如图 2-20(b)所示。

(3) $\alpha > \varphi_m$ 时,即全主力 Q 的作用线在摩擦角之外,如图 2-20(c)所示,此时无论 Q 值是多么小,全反力 Q 都无法与其共线、反向,即无法满足二力平衡原则,因而物块都不能静止(平衡)。

摩擦角与自锁原理在工程实际中有广泛的应用,如螺旋机构、物料传送带机构、自动卸货车、电工用的脚套钩等,都是利用摩擦自锁原理使构件保持静止平衡。而升降机、变速机构中的滑移齿轮等传动机械则要避免自锁(卡住)现象的发生。

1. 静摩擦因数的测定

利用摩擦角与自锁原理可以测定两种材料间的静摩擦因数。将被测的两种材料分别做成物块与可转动平板,如图 2-21 所示。由图 2-21 可知,可转动平板的倾角 α 等于全主力 G 与接触面法线的夹角。抬高平板使 α 由零逐渐增大,直至平板上的物块刚刚开始下滑。测量出平板此时的倾角 φ_m,即可计算出两种材料间的静摩擦因数 f:

$$f = \tan\varphi_m = \tan\alpha_m$$

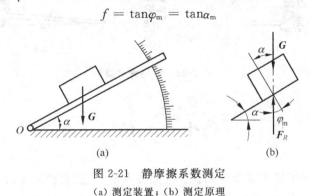

图 2-21　静摩擦系数测定
(a) 测定装置；(b) 测定原理

从上述过程可见,当平板倾角 $\alpha < \varphi_m$ 时,物块将静止于平板上而不会自动下滑,即物块在平板上处于自锁状态。

2. 螺旋机构螺纹升角的确定

螺旋千斤顶是工程中常用的起重机械,如图 2-22(a)所示。它由手柄 1、丝杠 2、螺纹槽底座 3 组成,在工作过程中要求丝杠 2 连同被升起的重物 4 不可自动下降,即能够实现自锁。螺纹可看作是卷在圆柱体上的斜面,如图 2-22(b)所示。把它展开后,螺纹槽底座相当于斜面,丝杠的一部分相当于斜面上的物块,螺纹升角即为斜面倾角 α,如图 2-22(b)所示。因此,螺旋千斤顶的自锁条件是,螺纹升角小于摩擦角,即:

$$\alpha < \varphi_m$$

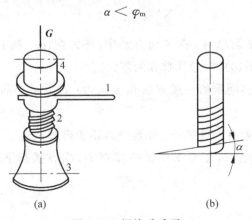

图 2-22　螺旋千斤顶

若螺旋千斤顶的丝杠与螺纹槽底座之间的静摩擦因数 $f=0.1$，则 $\varphi_m=5°43'$，为了确保螺旋千斤顶自锁的可靠性，一般取螺纹升角 α 为 $4°\sim 4°30'$。

螺旋千斤顶的自锁原理也适用于螺旋夹紧器（如图 2-23 所示）以及螺纹连接。

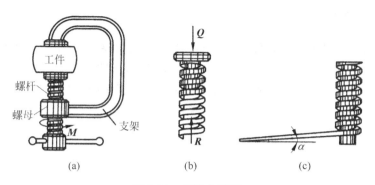

图 2-23 螺旋夹紧器

小　　结

1. 在本模块学习了以下概念及知识：主矢和主矩、全主力和全反力、摩擦角与自锁。

2. 平面一般力系合成（简化）的方法：选定一点 O，把各力平移至点 O，可得平面汇交力系和平面力偶系。分别合成这两个力可得一力（主矢）和一力偶（主矩）。再把主矢恰当平移使之所产生附加力偶与主矩恰好抵消，最后可得平面一般力系的合力 $\boldsymbol{F}_R$。

3. 平面各种力系独立平衡方程数量：

汇交力系、力偶系——1 个平衡方程可解 1 个未知量。

平行力系——2 个平衡方程可解 2 个未知量。

一般力系——3 个平衡方程可解 3 个未知量。

$$\left.\begin{array}{l}\sum F_x = 0 \\ \sum F_y = 0 \\ \sum M_O(\boldsymbol{F}) = 0\end{array}\right\}$$

以上可概括为力系平衡总则：在平衡力系中，各力在任一轴上的投影代数和为零；各力（力偶）对任一点的力矩（力偶矩）代数和为零。

4. 求解平面力系平衡问题的一般方法和步骤为：选取适当研究对象，画受力图，建立坐标系，列平衡方程求解。

5. 物系平衡问题一般有两种解法：先整体再逐步拆开。

6. 计算摩擦平衡问题时，受力图中包括摩擦力，临界状态下静滑动摩擦力为 $F_{max}=f \cdot F_N$。

习 题

1. 求如图 2-24 所示平面汇交力系的合力。

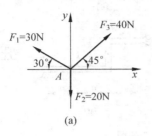
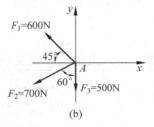

图 2-24 习题 1 的图

2. 如图 2-25 所示平面力系中，$F_1=1\text{kN}$，$F_2=F_3=F_4=5\text{kN}$，$M=3\text{kN}\cdot\text{m}$，求力系的合力。

3. 计算图 2-26 所示平面一般力系的合力。

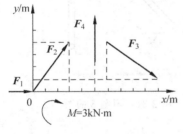
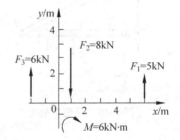

图 2-25 习题 2 的图　　　　图 2-26 习题 3 的图

4. 图 2-27 中，AB 杆的 A 端为固定铰支座约束，B 端为活动铰支座约束，今在杆的 C 处作用一集中力 $F=20\text{kN}$，$\alpha=30°$，杆的尺寸如图所示，假设杆的自重忽略不计，求各支座的约束反力。

5. 图 2-28 中，若 $F_2=20\text{kN}$，$F_1=10\text{kN}$，$l=2\text{m}$，求图示梁 A、B 处的约束反力。

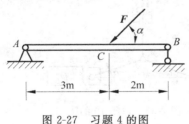
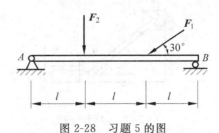

图 2-27 习题 4 的图　　　　图 2-28 习题 5 的图

6. 图 2-29 中，已知 $q=4\text{kN/m}$，$a=1\text{m}$，$F=8\text{kN}$，$M=6\text{kN}\cdot\text{m}$，计算梁各处支座的约束反力。

7. 一悬臂吊车如图 2-30 所示，横梁 AB 长 $l=2\text{m}$，假设其重力 $G=1\text{kN}$ 集中于重心 C，吊重 $P=6\text{kN}$ 作用于 D 点，已知 $\alpha=30°$，$a=1.6\text{m}$，求铰支座 A 的约束反力与拉杆 BE 的拉力。

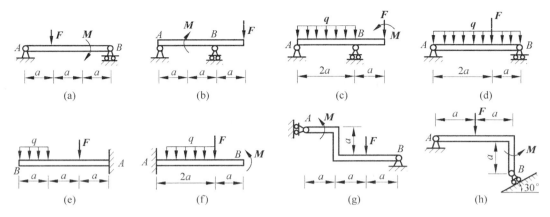

图 2-29 习题 6 的图

8. 刚架如图 2-31 所示,受到力偶矩为 **M** 的力偶作用,求支座 A 和 B 的约束反力。

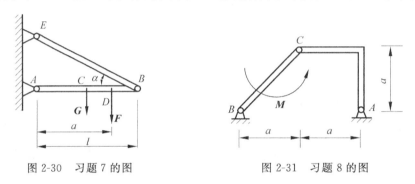

图 2-30 习题 7 的图　　　　图 2-31 习题 8 的图

9. 图 2-32 所示的夹紧装置,设各处均为光滑接触,求 **F** 力作用下工件 C 所受到的夹紧力。

10. 如图 2-33 所示液压夹紧装置中,油缸活塞直径 $D=120$mm,压力 $p=6$MPa,若 $\alpha=30°$,求工件 D 所受到的夹紧力 F_D。

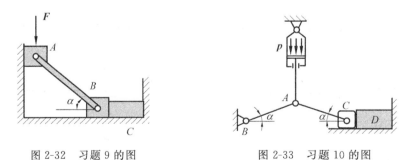

图 2-32 习题 9 的图　　　　图 2-33 习题 10 的图

11. 如图 2-34 所示,梁 AB 和 BC 在 B 点铰接,C 为固定端,已知 $M=20$kN·m,$q=15$kN/m,求 A、C 的约束反力和 B 铰的受力。

12. 如图 2-35 所示为一四杆机构 $ABCD$,在图示位置处于平衡状态。已知 $M_1=10$N·m,$CD=\sqrt{2}$m。求平衡时作用在 AB 上的力偶矩 M_2 及 A、D 处的约束反力。

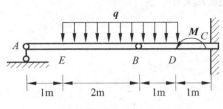
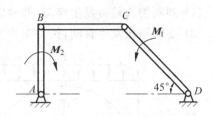

图 2-34 习题 11 的图   图 2-35 习题 12 的图

13. 偏心夹紧装置如图 2-36 所示，利用手柄绕 O 点转动夹紧工件。手柄 DE 和压杆 AC 处于水平位置时，$\alpha=30°$，偏心距 $e=15$mm，$r=40$mm，$a=60$mm，$b=120$mm，$L=100$mm。求在力 F 作用下，工件受到的夹紧力。

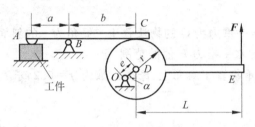

图 2-36 习题 13 的图

14. 如图 2-37 所示的支架由 AB、AC 杆构成，A、B、C 三处都是铰接，A 点作用有铅垂力 G，不计杆的自重，求 AB、AC 杆所受的力。

15. 均质圆球重 $G=2$kN，圆球与光滑的墙面和平板相接触于两点，如图 2-38 所示。求支座 A 的反力和绳 BC 的拉力。

16. 用支架 ABC 承托斜面上的圆球，如图 2-39 所示。球重 $G=1$kN，若各种摩擦忽略不计，求 BC 杆所受的压力。

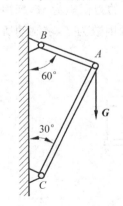
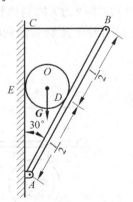
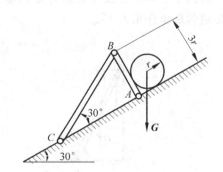

图 2-37 习题 14 的图   图 2-38 习题 15 的图   图 2-39 习题 16 的图

17. 如图 2-40 所示三铰拱，由 AC 和 BC 铰接而成。已知均布载荷 $q=20$kN/m，$h=4$m，$l=8$m。求支座 A、B 及中间铰链 C 的约束反力。

18. 一物块重为 $G=400$N，置于水平地面上，受到大小为 $F=80$N 的拉力作用，如图 2-41 所示，假设拉力 F 与水平夹角为 $\alpha=45°$，物块与地面的摩擦因数为 $f=0.2$，求：

(1) 判断物块是否发生移动,并确定此时的摩擦力大小。

(2) 要使物块发生移动,拉力至少要多大?

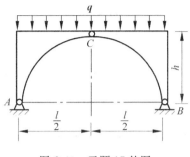

图 2-40 习题 17 的图

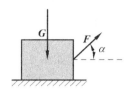

图 2-41 习题 18 的图

19. 如图 2-42 所示,一重力为 G 的物块置于一倾角为 α 的斜面上,静摩擦系数为 f,求能使物块静止于斜面上的水平推力 F 值的范围。

20. 如图 2-43 所示重物置于斜面上,摩擦因数为 $f=0.2$,求其满足自锁条件的临界倾角 α。

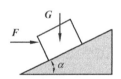

图 2-42 习题 19 的图

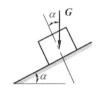

图 2-43 习题 20 的图

21. 如图 2-44 所示,梯子 AB 长 L,重 $W=200\mathrm{N}$,靠在光滑墙上,与地面间的摩擦因数为 $f=0.25$。要保证重 $P=650\mathrm{N}$ 的人爬至顶端 A 处不至滑倒,求最小角度 α。

22. 如图 2-45 所示为某刹车装置。作用在半径为 r 的制动轮 O 上的力偶矩为 M,摩擦面到刹车手柄中心线间的距离为 e,摩擦块 C 与轮子接触表面间的摩擦因数为 f,求制动所必须的最小作用力 F_{fmin}。

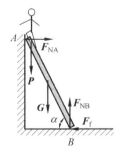

图 2-44 习题 21 的图

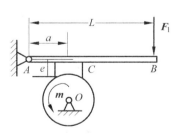

图 2-45 习题 22 的图

模块3

杆类构件承载力的分析与计算

【引言】

在模块1、模块2中,完成了"示范项目1"中"5.工作步骤"的(1)~(4),这样可实现机构的使用功能。

为使机构达到"满足安全性和经济性"这一目标,还需完成模块3、模块4的学习和训练。

模块3的内容主要有两大部分:一是对发生拉伸/压缩变形的构件进行强度方面的设计计算;二是对发生剪切和挤压变形的构件进行强度方面的设计计算。

各种机械、设备、工程结构和建筑物,都是由许多大大小小、形形色色的构件(零件)组成,这些构件(零件)在工作时都要承受各种各样的载荷(力系)的作用。

在载荷(力系)的作用下,构件(零件)会产生或大或小的变形,还可能发生破坏。为使各种机械、设备、工程结构和建筑物能够正常运行和工作,就必须保证其中每一个构件(零件)的安全可靠,即各构件(零件)具备足够的承载力(满足强度、刚度和稳定性要求)。

【知识学习目标】

(1) 理解变形固体及其基本假设。
(2) 理解构件的承载力(强度、刚度、稳定性)。
(3) 理解构件的四种基本变形及组合变形。
(4) 了解拉伸/压缩构件的受力特点和变形特点。
(5) 理解内力和截面法的原理及步骤。
(6) 理解轴力及轴力图。
(7) 理解拉伸/压缩构件正应力计算公式及正应力分布图,理解强度条件(公式)。
(8) 理解应力、极限应力、许用应力、安全系数。
(9) 理解应变、拉压虎克定律(两种形式)、拉压刚度。
(10) 了解万能材料试验机的性能、功能及操作方法。
(11) 了解试件在拉伸/压缩时机械性能的分析和测定方法。
(12) 理解 $F—\Delta l$ 曲线和 $\sigma—\varepsilon$ 曲线及其特性点(比例极限、屈服极限、强度极限、收缩率、延伸率)。
(13) 了解塑性和脆性材料的机械性能区别。
(14) 理解细长压杆的稳定性知识(稳定性、失稳、临界力),了解提高稳定性的措施。
(15) 了解连接件剪切和挤压的受力特点和变形特点。

(16)理解剪切面、剪力和剪应力,理解挤压面、挤压力和挤压应力。

(17)理解连接件的剪切和挤压实用计算法。

(18)理解剪切变形及剪切虎克定律。

【能力训练目标】

(1)会用截面法分析计算内力(轴力及剪力),会看会画轴力图。

(2)能应用拉/压、剪切和挤压强度条件(公式)解决工程中三方面(校核强度、设计截面、确定承载)的实际问题。

(3)会用拉压虎克定律对拉伸/压缩构件进行伸缩量的分析计算。

(4)能够在指导下开动万能材料试验机,做拉伸/压缩时机械性能的分析和测定。

(5)能够分析计算压杆的稳定性。

任务 3.1 构件承载力的基础知识

3.1.1 变形体及变形形式

如前所述,当分析解决静力平衡问题时,通常不考虑构件承载后所发生的变形,把这种构件称为刚体。

实际上,在载荷作用下构件或多或少产生变形——形状和大小发生变化,并可能发生破坏。从本章开始要分析解决构件承载后所发生的变形及破坏问题,把这种构件称为变形体。

在机械设备和工程结构中,构件的形状是多种多样的。若构件的长度远大于横截面的尺寸,则称为杆件或杆。轴线为直线的称为直杆。各横截面的形状、尺寸完全相同的称为等截面杆,否则为变截面杆。

杆件在不同形式外力的作用下将产生不同形式的变形。杆件变形的基本形式有四种:轴向拉伸或压缩(如图 3-1(a)所示),剪切(如图 3-1(b)所示),扭转(如图 3-1(c)所示),弯曲(如图 3-1(d)所示)。其他复杂的变形可归结为上述基本变形的组合。

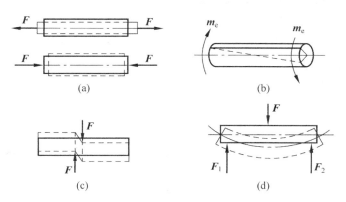

图 3-1 杆件四种基本变形

3.1.2 变形固体及其基本假设

机械设备和工程结构中使用的固体材料是多种多样的,而且其微观结构和力学性质也非常复杂,通常以下列假设将其简化。

1. 均匀连续性

认为变形体内毫无间隙地充满了物质,而且各处力学性能都相同。

2. 各向同性

认为变形体在各个方向上具有相同的力学性质。常用的工程材料如钢、塑料、玻璃以及浇筑得很好的混凝土等,都可认为是各向同性材料。但也有一些材料(如竹子、木材等)其力学性质有方向性,称为各向异性材料。

3. 弹性小变形

载荷卸除后能完全消失的变形称为弹性变形,不能消失的变形称为塑性变形。如取一段直钢丝,将它弄弯,若弯曲程度不大,则放松后钢丝又会变直,这种变形就是弹性变形;若弯曲程度过大,则放松后钢丝只会部分恢复,不能完全变直,残留下来的那一部分变形就是塑性变形。

一般来说,当载荷不超过某一限度时,变形体将只产生弹性变形。在本课程中只分析解决变形体的弹性小变形问题,小变形是指变形量远远小于构件原始尺寸的变形,因此在进行静力平衡的分析计算时可不考虑变形,仍采用原始尺寸,从而使计算得到简化。

3.1.3 构件的承载力

要使机械设备和工程结构能够正常工作,就必须保证组成它的每个构件(或零件)在载荷作用下能正常工作,即所设计的每个构件都必须有足够的承受载荷的能力(简称承载力)。

1. 构件的强度

强度是指构件在载荷作用下抵抗破坏(断裂)或过量塑性变形(载荷去掉后不能恢复的变形)的能力。构件发生破坏(断裂)或发生过量塑性变形,势必影响机械设备和工程结构的正常工作。

例如,机器中传动轴的直径太小,起重机的钢丝绳过细,就可能因强度不足而发生破坏(断裂),使机器无法正常工作,甚至造成灾难性的事故。

2. 构件的刚度

刚度是指构件在载荷作用下抵抗过量弹性变形(载荷去掉后能恢复的变形)的能力。

例如图 3-2,车床主轴刚度不足导致变形过大,使得加工的圆柱面被车削成圆锥面。同时,车床主轴轴承还会发生偏磨,影响其寿命。

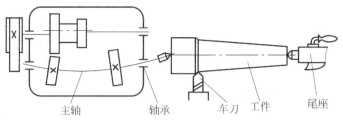

图 3-2 车床车削工件

3. 构件的稳定性

稳定性是指承受轴向压力的细长杆件保持其初始直线平衡形态的能力。例如顶起汽车的千斤顶螺杆(如图 3-3(a)所示)、细长活塞杆 CD(如图 3-3(b)所示),有时会突然变弯(如图 3-3(c)所示),甚至弯曲折断,由此酿成严重事故。这种现象称为丧失稳定或简称失稳。

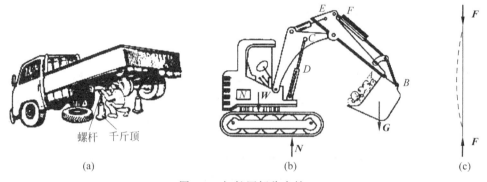

图 3-3 细长压杆稳定性

分析研究并解决构件承载力的问题,就是在保证构件既安全可靠又经济适用的前提下,为构件选择合适材料、确定合理截面形状和尺寸,提供必要的理论基础和计算方法。当然,在工程设计中解决安全、适用和经济间的矛盾,仅仅依靠工程力学是不够的,还需综合考虑如便于加工、装拆和使用等其他方面因素。

【示范项目 1 工作步骤(5)】分析说明各构件的变形形式及应具备何种承载力。续写设计说明书(草稿)。

结果可参考附录 B【工作步骤 5】。

然后参照上述步骤,同学们可在教师指导下分组完成附录 A 中某一实践项目的工作步骤(5)。

任务 3.2 杆件拉伸/压缩的强度条件应用和变形分析计算

3.2.1 杆件拉伸/压缩的受力特点和变形特点

杆类构件的长度远大于横截面的尺寸,简称为杆件或杆。

机器和结构物中,很多杆件受到拉伸/压缩的作用。例如,如图 3-4 所示的悬臂吊车的拉杆、如图 3-5 所示的内燃机连杆,都是杆件拉伸/压缩的实例。

这些受力杆件的共同特点是：外力(或外力合力)作用线与杆件轴线重合,其变形为轴向伸长/缩短,如图 3-4(b)和图 3-5(b)所示。

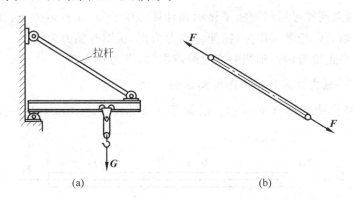

图 3-4　悬臂吊车中的拉杆

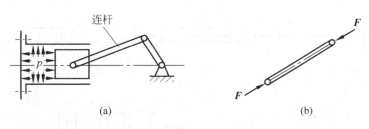

图 3-5　内燃机中的压杆

这种变形形式称为轴向拉伸/压缩,这类杆件称为拉/压杆。

3.2.2　内力与截面法

1. 内力

为了分析解决构件的强度、刚度、稳定性问题,首先必须分析计算其内力。

以构件为研究对象时,作用于构件上的载荷(主动力)和约束力均称为外力。在外力作用下构件将产生变形,其内部各质点间的相对位置将发生变化,从而产生抵抗变形的相互作用力。

这种因外力作用而在杆件内部产生的相互作用力,称为内力。

可见,内力是由外力引起的,且内力随外力的增减而增减。外力卸去后,内力随之消失,但内力不会随外力增大而无限增大。

2. 截面法

为了显示和计算构件的内力,必须假想地用截面把构件切开,分成两部分,这样,内力就转化为外力而显示出来,并可用静力平衡条件将它算出。这种方法称为截面法。

3.2.3 杆件拉伸/压缩的轴力与轴力图

拉/压杆的内力同样可用截面法来显示和计算。由于拉/压杆内力 F_N 的作用线与构件轴线重合故称为轴力。通常规定为，拉伸时轴力为正，压缩时轴力为负。

把轴力的大小正负沿构件轴线的变化绘成图像，即为轴力图。

能力训练——轴力计算与轴力图绘制示例

例 3-1 直杆受力如图 3-6 所示。已知 $F_1=16\text{kN},F_2=10\text{kN},F_3=20\text{kN}$，画出直杆 AD 的轴力图。

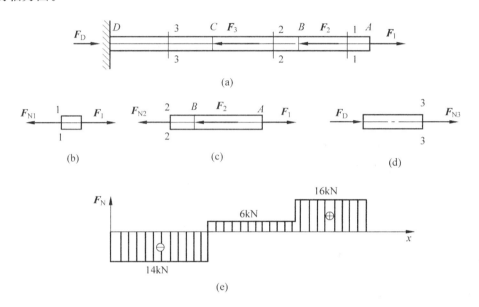

图 3-6 等直杆轴力分析

解：

(1) 求解约束力

这一步将根据静力平衡条件，由已知载荷（主动力）求出未知约束力，即由外力求外力。

由整条杆件的受力图（如图 3-6(a)所示）建立平衡方程：

$$\sum F_x = 0, \quad F_D + F_1 - F_2 - F_3 = 0$$

求得 D 端支座反力：

$$F_D = F_2 + F_3 - F_1 = 10 + 20 - 16 = 14(\text{kN})$$

(2) 分段计算轴力

这一步将使用截面法，由已知外力求出未知内力，即由外力求内力。

以四个外力作用点 A、B、C、D 为分界点，将杆件分为 AB、BC、CD 三段。

AB 段：用任一截面 1—1 将整条杆件假想切分为两段，取右段（取左段亦可，但稍显麻烦）为研究对象（如图 3-6(b)所示），由平衡条件可得：

$$F_{N1} = F_1 = 16(\text{kN})$$

BC 段：用任一截面 2—2 将整条杆件假想切分为两段,取右段(取左段亦可)为研究对象(如图 3-6(c)所示),由平衡条件可得：
$$F_{N2} = F_1 - F_2 = 6(kN)$$

CD 段：用任一截面 3—3 将整条杆件假想切分为两段,取左段(取右段亦可,但稍显麻烦)为研究对象(如图 3-6(d)所示),由平衡条件可得：
$$F_{N3} = -F_D = -14(kN)$$

式中,F_{N3} 为负值,表明 3—3 截面上轴力的实际方向与图中所假设的方向相反,即杆件受压缩。

(3) 画轴力图

根据上述所求各段轴力值,画出轴力图,如图 3-6(e)所示。由轴力图可见：

杆件的 AB 和 BC 段受拉力,而 CD 段受压力。

最大轴力发生在 AB 段上：$F_{Nmax} = 16(kN)$。

3.2.4 正应力的分布图及计算式

1. 应力

确定了拉/压杆件横截面上的内力——轴力后,仍不能解决杆件的强度问题。例如,用同一材料制成粗细不同的两根直杆,在相同拉力作用下,两杆轴力显然相同,但随着拉力的增大,横截面面积小的杆件必然先被拉断。这说明杆件的强度不仅与轴力的大小有关,而且还与横截面面积的大小有关,即与内力在横截面各点处分布的密集程度(内力集度)有关。

显然,细杆横截面上的内力集度大,而粗杆横截面上的内力集度小。所以,在材料相同的情况下,判断杆件是否破坏不能单纯根据内力的大小,而是根据内力集度,这种内力集度就称为应力。

如图 3-7(a)所示杆件,在截面 m—m 上任一点 O 的周围取微小面积 ΔA,设在微面积 ΔA 上分布内力的合力为 ΔF,则 ΔF 与 ΔA 的比值称为微面积 ΔA 上的平均应力,用 p_m 表示,即

$$p_m = \frac{\Delta F}{\Delta A}$$

一般情况下,内力在截面上的分布并非均匀,为了更精确地描述内力的分布情况,令微面积 ΔA 趋近于零,由此所得平均应力 p_m 的极限值,用 p 表示为：

$$p = \lim_{\Delta A \to 0} \frac{\Delta F}{\Delta A} = \frac{dF}{dA}$$

则称 p 为 O 点处的应力,它是一个矢量,应力反映了内力在截面上各点作用的强弱程度。一般情况下与截面不垂直,通常将其分解为与截面垂直的分量 σ 和与截面相切的分量 τ。σ 称为正应力,τ 称为剪应力,如图 3-7(b)所示。在我国法定计量单位中,应力的基本单位为 Pa(帕),$1Pa = 1N/m^2$,在工程中还常用 MPa(兆帕=$1N/mm^2$)和 GPa(吉帕)：$1MPa = 10^6 Pa$,$1GPa = 10^9 Pa$。

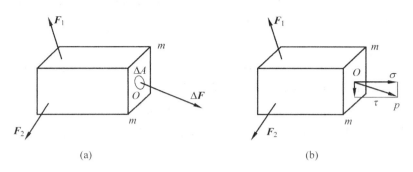

图 3-7 应力概念

2. 杆件拉/压横截面上的正应力分布图及计算式

欲求横截面上的应力,必须分析横截面上轴力的分布规律。如图 3-8 所示为一个受拉等截面直杆,受力前在杆的表面画上与轴线平行的纵向直线和与轴线垂直的横向直线 ab、cd。受拉后观察到,纵向线仍相互平行;横向线移至 a_1b_1、c_1d_1 位置,但仍为直线。由此可知,各纵向线的伸长量均相等,横向收缩量也相同。

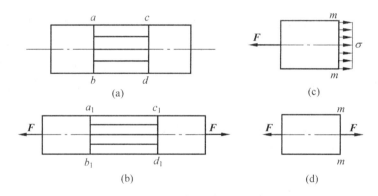

图 3-8 拉伸杆件应力分析

根据对上述现象的分析,可作如下判断:杆件变形前为平面的横截面,受力变形后仍为平面,仅沿轴线产生了相对平移,仍与杆件轴线垂直。

由此可推断,因为各纵向线的伸长量均相同,而材料具有均匀连续性,所以各纵向线的受力也应相等,故横截面上各点的应力大小相等,即内力在横截面上均匀分布(如图 3-8(c)所示,该图即拉/压杆件横截面上正应力分布图),其方向与横截面上轴力 F_N 一致,均垂直于横截面,如图 3-8(c)、图 3-8(d)所示,故为正应力,计算公式为

$$\sigma = \frac{F_N}{A} \tag{3-1}$$

式中,A 为杆件横截面面积。当杆件发生轴向压缩时,上式同样适用。σ 的正负号规定与轴力相同,拉应力为正,压应力为负。

能力训练——杆件拉/压正应力分析与计算示例

例 3-2 如图 3-9 所示的直杆，中段正中开槽，承受载荷 $F=20\text{kN}$，已知 $h=25\text{mm}$，$h_0=10\text{mm}$，$b=20\text{mm}$。求直杆内的最大正应力。

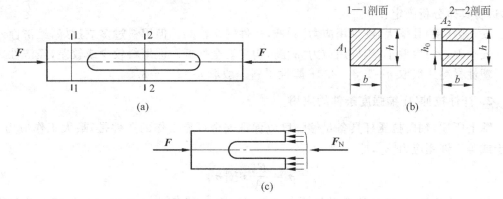

图 3-9 开槽直杆应力分析与计算

解：

(1) 计算轴力

用截面法求得直杆中各截面上的轴力均为

$$F_N = -F = -20\text{kN} = -20000(\text{N})$$

(2) 计算最大正应力

由于整个直杆的轴力相同，最大正应力发生在面积较小的横截面上，即开槽部分横截面上。开槽部分的横截面面积 A 为

$$A = (h - h_0)b = 300(\text{mm}^2)$$

则杆内最大应力 σ_{max} 为

$$\sigma_{max} = \frac{F_N}{A} = -\frac{20000\text{N}}{300\text{mm}^2} = -66.7(\text{MPa})$$

负号表示压应力。

3.2.5 杆件拉伸/压缩强度条件的应用

1. 极限应力、许用应力、安全因数

构件是由各种材料制成的，各种材料所能承受的应力是有限度的，若应力超过极限应力 σ_u，构件便因发生断裂或产生较大的塑性变形（永久变形）而失效，即丧失正常工作能力。

由"3.3 金属材料拉伸/压缩的力学性能及测定"可知，塑性材料的极限应力 $\sigma_u = \sigma_s$（屈服极限），脆性材料的极限应力 $\sigma_u = \sigma_b$（强度极限）。

为了使构件具有足够的强度，构件在载荷作用下的最大应力应当小于材料的极限应力 σ_u，但为了确保构件安全可靠地工作，还应留有适当的强度储备。一般把极限应力除以大于 1 的安全因数 n 所得结果称为许用应力 $[\sigma]$，即

$$[\sigma] = \frac{\sigma_u}{n} \tag{3-2}$$

所以许用应力是保证构件安全可靠工作所许可使用的最大应力值。

显然,只有当构件中的最大工作应力小于或等于其材料的许用应力时,构件才具有足够强度以保证正常工作能力。

安全因(系)数的确定,实质就是在安全性和经济性之间寻找平衡点,必须根据实际情况,进行具体分析确定:

安全因(系)数偏大,则许用应力[σ]低,构件安全性高。但用料过多或过好,经济性差。

安全因(系)数偏小,则许用应力[σ]高,构件安全性低。但用料较少或较差,经济性好。

塑性材料一般取 $n=1.3 \sim 2.0$;脆性材料一般取 $n=2.0 \sim 3.5$。

2. 杆件拉伸/压缩强度条件的应用

综上所述,轴向拉压杆具备足够强度以保证安全可靠工作的条件是,最大工作应力 σ_{max} 小于或等于许用应力[σ],即

$$\sigma = \frac{F_N}{A} \leqslant [\sigma] \tag{3-3}$$

式(3-3)称为拉/压杆的强度条件。式中,F_N 和 A 分别为危险截面上的轴力及其横截面面积。变截面杆件的危险截面,必须综合轴力和截面面积两方面来确定。

根据强度条件,可解决以下三方面的问题。

(1) 校核强度

根据杆件材料的许用应力、杆件尺寸及所受载荷,检查杆件的强度是否足够。若式(3-3)成立,说明杆件强度足够,否则强度不够。

(2) 设计截面

根据杆件材料的许用应力及所受载荷,确定杆件所需的最小横截面面积 A。

由式(3-3)得

$$A \geqslant \frac{F_N}{[\sigma]} \tag{3-4}$$

(3) 确定承载

根据杆件材料的许用应力及杆件尺寸,确定杆件所能承担的最大轴力。

由式(3-3)得

$$F_N \leqslant [\sigma]A \tag{3-5}$$

然后由静力平衡条件,确定杆件所能承担的最大载荷。

能力训练——杆件拉/压强度条件的应用示例 1

例 3-3 三角钢架如图 3-10(a)所示,斜杆 AB 由两根 50mm×50mm×4mm 等边角钢组成,横杆 AC 由两根 10 号槽钢组成,材料为 Q235 钢,许用应力[σ]=120MPa,a=30°,求三角钢架的许可载荷 **F**。

解:

(1) 静力平衡分析计算,确定两杆受力

首先识别出 AB、AC 两杆均为二力杆,并取节点 A 为研究对象,画出受力图,如图 3-9(b)所示。列出平衡方程:

$$\because \sum F_y = 0, \quad F_{N1}\sin 30° - F = 0,$$

$$\therefore F_{N1} = \frac{F}{\sin 30°} = 2F$$

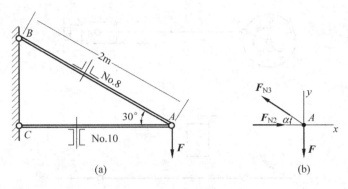

图 3-10 三角钢架受力图

$$\because \sum F_x = 0, \quad F_{N2} - F_{N1}\cos30° = 0,$$
$$\therefore F_{N2} = F_{N1}\cos30° = \sqrt{3}F$$

(2) 确定两杆内力

由于两杆均为二力杆,所以其内力(轴力)等于外力。

(3) 计算两杆许可轴力

由型钢表查得斜杆 50mm×50mm×4mm 等边角钢横截面面积 $A_1 = 3.897\text{cm}^2 \times 2 = 7.794\text{cm}^2$,横杆 10 号槽钢横截面面积 $A_2 = 12.74\text{cm}^2 \times 2 = 25.48\text{cm}^2$。

根据强度条件式(3-5)

$$F_{N1} \leqslant A_1[\sigma] = 7.794 \times 10^2 \times 120 = 93.528 \times 10^3 \text{N} = 93.528(\text{kN})$$
$$F_{N2} \leqslant A_2[\sigma] = 25.48 \times 10^2 \times 120 = 305.8 \times 10^3 \text{N} = 305.8(\text{kN})$$

(4) 计算三角钢架许可载荷

由以上计算结果,可得许可载荷为

$$F_1 = \frac{F_{N1}}{2} = 46.76(\text{kN})$$

$$F_2 = \frac{F_{N2}}{\sqrt{3}} = 176.5(\text{kN})$$

为了保证结构能正常工作,其许可载荷必须取 F_1 和 F_2 中较小的,即

$$[F] = \min\{F_1, F_2\} = 46.76(\text{kN})$$

所以三角钢架的许可载荷 $[F] = 46.7\text{kN}$。

能力训练——杆件拉/压强度条件的应用示例 2

例 3-4 某镦压机的曲柄滑块机构如图 3-11(a)所示,锻压时连杆 AB 接近水平位置,墩压力 $F = 3780\text{kN}$,如图 3-11(b)所示。连杆横截面为矩形,高与宽之比 $h/b = 1.4$,材料的许用应力 $[\sigma] = 90\text{MPa}$,试设计截面尺寸 h 和 b。

解:首先识别出连杆 AB 为二力杆,其内力(轴力)等于外力。由于镦压时连杆近于水平,所以所受的压力近似等于墩压力 F,则轴力为 $F_N = F = 3780\text{kN}$,根据强度条件式(3-4)

$$A \geqslant \frac{F_N}{[\sigma]} = \frac{3780 \times 10^3}{90} = 42000(\text{mm}^2)$$

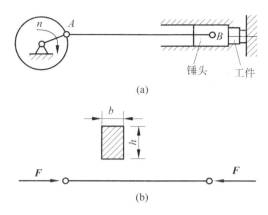

图 3-11 镦压机杆件设计

由于连杆截面为矩形且 $h/b=1.4$，所以
$$A = bh = 1.4b^2 \geqslant 42000 \text{mm}^2$$
$$b \geqslant \sqrt{\frac{42000}{1.4}} = 173.2 \text{(mm)}, \quad h = 1.4b \geqslant 243 \text{(mm)}$$

可取 $b=175\text{mm}, h=245\text{mm}$。

本例的许用应力较低，这主要是考虑工作时有比较强烈的冲击作用。

【示范项目 1 工作步骤(6)】为两条连杆 BC 和 DE 选择合适的钢材，按照轴向拉压强度条件设计确定连杆的横截面尺寸。续写设计说明书（草稿）。结果可参考附录 B【工作步骤 6(1)】。

然后参照上述步骤，同学们可在教师指导下分组完成附录 A 中某一实践项目的工作步骤(6)相应部分。

3.2.6 杆件拉伸/压缩变形的分析与计算

1. 杆件拉伸/压缩的变形及应变

实践表明，杆件在轴向拉/压力的作用下，沿轴向（纵向）将发生伸长/缩短。同时，横向将发生缩小/增大，如图 3-12 所示，图中实线为变形前的形状，虚线为变形后的形状。

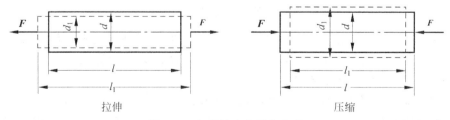

图 3-12 杆件轴向和横向变形

设 l 与 d 分别为杆件变形前的长度与直径，l_1 与 d_1 为变形后的长度与直径。则变形后的长度改变量 Δl 和直径改变量 Δd 将分别为

$$\Delta l = l_1 - l$$
$$\Delta d = d_1 - d$$

Δl 和 Δd 称为绝对变形,即实际伸长/缩短量及缩小/增大量。

绝对变形的大小不能反映杆件变形程度的大小,如长度分别为 1m 与 1cm 的两条杆件,它们的绝对变形均为 1mm,显然两条杆件的变形程度大不相同。因此,为了度量杆件变形程度的大小,将绝对变形除以杆件的初始尺寸,即得单位长度内的变形,称为线应变。与轴向(纵向)及横向两种绝对变形对应的线应变为

$$\varepsilon = \frac{\Delta l}{l}, \quad \varepsilon_1 = \frac{\Delta d}{d}$$

式中,ε 为纵向线应变,ε_1 为横向线应变,它们都是无量纲的量,ε 和 ε_1 的正负号分别与 Δl 和 Δd 相一致。

实验证实,在弹性变形范围内,横向线应变与纵向线应变之间存在着正比关系,且符号相反。即:

$$\varepsilon_1 = -\mu\varepsilon$$

式中,比例常数 μ 称为材料的泊松系数或泊松比,是无量纲的量,其值与材料有关。一般钢材的 μ 值在 $0.25 \sim 0.33$ 之间。

2. 杆件拉伸/压缩虎克定律及应用

由各种材料的大量试验可知,当杆件的应力不超过某一限度(比例极限)时,其绝对变形 Δl 与轴力 F_N、初始长度 l 成正比,与材料性能常数 E(弹性模量)、横截面面积 A 成反比,即:

$$\Delta l = \frac{F_N l}{EA} \tag{3-6}$$

式(3-6)称为虎克定律。

由上式可见,Δl 与 EA 成反比,即 EA 越大,Δl 越小,所以 EA 反映杆件抵抗拉/压变形的能力,称为抗拉/压刚度。

将 $\varepsilon = \frac{\Delta l}{l}$,$\sigma = \frac{F_N}{A}$ 代入式(3-6),则得虎克定律的另一形式:

$$\sigma = E\varepsilon \tag{3-7}$$

它表示当应力未超过某一限度时,应力与应变成正比。应变 ε 无量纲,所以弹性模量 E 的单位与应力 σ 相同,常用 GPa 表示。

弹性模量 E、剪切弹性模量 G 和泊松比 μ 都是表征材料弹性的常数,可由实验测定。几种常用材料的 E、G 和 μ 值见表 3-1。

表 3-1 常用材料的 E、G 和 μ 值

材 料 类 型	E/GPa	G/GPa	μ
碳钢	196~216	78.5~79.4	0.24~0.28
合金钢	186~206	78.5~79.4	0.25~0.30
灰铸铁	78.5~157	44.1	0.23~0.27
铜及铜合金	72.6~128	41.2	0.31~0.42
铝合金	70	26.5	0.33

能力训练——杆件拉/压强度和变形的分析与计算示例

例 3-5 阶梯形直杆 AD 受力如图 3-13(a) 所示。已知其横截面面积分别为 $A_{CD}=300\text{mm}^2$，$A_{AB}=A_{BC}=500\text{mm}^2$，弹性模量 $E=200\text{GPa}$。许用应力 $[\sigma]=100\text{MPa}$，校核直杆强度，并求直杆总变形量。

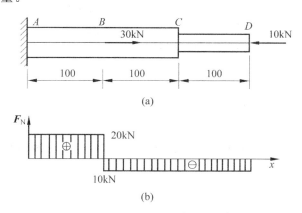

图 3-13 阶梯形直杆分析与计算

解：

(1) 求解固定端约束力 R_A

$$R_A = 20(\text{kN})$$

(2) 作轴力图

由于 B 和 D 处作用有外力，以三个外力作用点 A、B、D 为分界点，将杆分为 AB 和 BD 两段。用截面法分别求得：

$$F_N^{CD} = F_N^{BC} = -10(\text{kN})$$

$$F_N^{AB} = 20(\text{kN})$$

画出直杆的轴力图，如图 3-13(b) 所示。

(3) 强度校核

最大正应力可能位于 AB 段或 CD 段。

AB 段各截面 $\quad \sigma_1 = \dfrac{F_N^{AB}}{A_1} = \dfrac{20\times 10^3}{500} = 40(\text{MPa})$

CD 段各截面 $\quad \sigma_2 = \dfrac{F_N^{CD}}{A_2} = -\dfrac{10\times 10^3}{300} = -33.3(\text{MPa})$

$\sigma_{\max} = 40\text{MPa} < [\sigma]$，故直杆强度足够。

(4) 求直杆总变形量

综合考虑轴力和横截面面积的变化，应将直杆分为 AB、BC 和 CD 三段，应用虎克定律分别求出各段的变形量为

$$\Delta l_{AB} = \dfrac{F_N^{AB} l_{AB}}{EA_{AB}} = \dfrac{20\times 10^3 \times 100}{200 \times 10^3 \times 500} = 0.02(\text{mm})$$

$$\Delta l_{BC} = \dfrac{F_N^{BC} l_{BC}}{EA_{BC}} = \dfrac{-10\times 10^3 \times 100}{200 \times 10^3 \times 500} = -0.01(\text{mm})$$

$$\Delta l_{CD} = \dfrac{F_N^{CD} l_{CD}}{EA_{CD}} = \dfrac{-10\times 10^3 \times 100}{200 \times 10^3 \times 300} = -0.0167(\text{mm})$$

直杆的总变形量等于各段变形量之和：
$$\Delta l = \Delta l_{AB} + \Delta l_{BC} = \Delta l_{CD} = 0.02 - 0.01 - 0.0167 = -0.0067 (\text{mm})$$
计算结果为负，说明直杆整体是缩短的，但是总变形量很微小。

> 【示范项目1 工作步骤6】分析说明及计算两连杆的拉伸/压缩变形量。续写设计说明书（草稿）。结果可参考附录B【工作步骤6(2)】。
>
> 然后参照上述步骤，同学们可在教师指导下分组完成附录A中某一实践项目的工作步骤(6)相应部分。

任务 3.3　金属材料拉伸/压缩的力学性能及测定

材料的力学性能（或称机械性能）是指材料承受载荷作用时，在变形和破坏方面表现出的性能。力学性能是解决强度、刚度和稳定性问题所不可缺少的依据。

要获得这些性能参数必须通过试验测定，下面讨论在常温、静载条件下材料在拉伸和压缩时的力学性能及测定。

3.3.1　低碳钢拉伸

含碳量小于0.25%的钢称为低碳钢，它是机械工程中最常用的钢材之一，它所表现出的力学性能比较全面、比较典型。

按GB/T 6397—1986的规定，将低碳钢制成如图3-14所示的标准试样，在室温下把试样装入万能材料试验机的夹头中，缓慢加载，并记录下拉力F与对应标距l的伸长量Δl之间

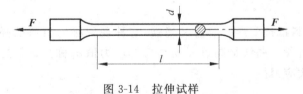

图3-14　拉伸试样

的关系，若以纵坐标表示拉力F，横坐标表示伸长量Δl，便可得到$F-\Delta l$曲线图（拉伸曲线图如图3-15所示）。为了消除试样初始尺寸的影响，将拉力F除以试样初始横截面面积A，得到应力σ；将伸长量Δl除以试样初始长度l，得到线应变ε，这样得到的曲线称为$\sigma-\varepsilon$曲线（应力—应变曲线）。$\sigma-\varepsilon$曲线的形状与$F-\Delta l$曲线相似（如图3-16所示）。

下面分析讨论应力—应变图，它大致可分为四个阶段。

1. 线弹性阶段

图3-16中，Oa为一直线段，说明该段内应力和应变成正比，即材料符合虎克定律。直线部分的最高点a所对应的应力值σ_p称为**比例极限**。当应力超过比例极

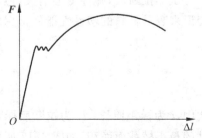

图3-15　低碳钢应力—应变图

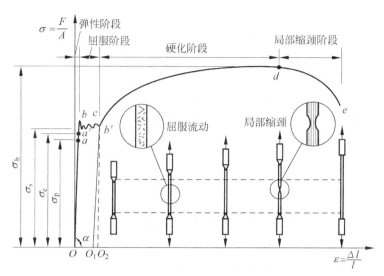

图 3-16 低碳钢拉伸 $\sigma-\varepsilon$ 曲线

限后,图中的 aa' 段已不是直线,说明材料已不符合虎克定律。但当应力值不超过 a' 点所对应的应力 σ_e 时,如将外力卸去,试样的变形也随之消失,即为弹性变形,σ_e 称为弹性极限。比例极限和弹性极限的概念不同,但实际上 a 点和 a' 点非常接近,工程上对两者不作严格区分。

2. 屈服阶段

当应力超过弹性极限后,图上出现接近水平的小锯齿形波动段 bc,这种应力变化不大而应变显著增加的现象称为材料的屈服(或流动;材料抵抗变形的能力大为减弱)。bc 段对应的过程为屈服阶段;屈服阶段的最低应力值 σ_s 称为材料的**屈服极限**。

3. 强化阶段

屈服阶段后,材料抵抗变形的能力又趋强,这种现象称为材料的强化。cd 段对应的过程称为材料的强化阶段。曲线最高点 d 所对应的应力值 σ_b 称为材料的**强度极限**,是材料断裂前所能承受的最大应力。

4. 缩颈阶段

应力达到强度极限后,在试样较薄弱处发生急剧的局部收缩,出现缩颈现象。从试验机上则可看到试样所受拉力逐渐降低,最终试样被拉断。曲线表现为一段下滑曲线 de。

试样拉断后,弹性变形消失,但塑性变形保留下来。工程中常用试样拉断后残留的塑性变形来表示材料的塑性性能。常用的塑性指标有两个:伸长率 δ 和断面收缩率 ψ,分别为

$$\delta = \frac{l_1 - l}{l} \times 100\% \tag{3-8}$$

$$\psi = \frac{A - A_1}{A} \times 100\% \tag{3-9}$$

式中,l 为标距原长;l_1 为拉断后标距的长度;A 为试样初始横截面面积,A_1 为拉断后缩颈处的最小横截面面积,如图 3-17 所示。

工程上通常把伸长率 $\delta \geq 5\%$ 的材料称为塑性材料,如钢、铜和铝等;把 $\delta < 5\%$ 的材料

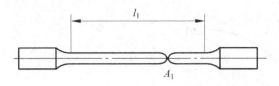

图 3-17 拉伸试样伸长量

称为脆性材料,如铸铁、砖石等。

5. 冷作硬化

过了屈服阶段后,继续加载,如在 bd 间任一点卸载到零,σ—ε 曲线将沿着几乎与 Oa 平行的直线 fg 回到 g 点,如图 3-18(a)所示。Og 是试样残留下来的塑性应变。卸载到零后再重新加载,则 σ—ε 曲线将基本沿着卸载时的直线 gf 上升至 f 点,以后沿原来的曲线 fde 变化,直至拉断如图 3-18(b)所示。由此可见,将试样拉伸到超过屈服点应力后卸载,材料的比例极限 σ_p 和屈服极限 σ_s 有所提高,但塑性下降,这种现象称为材料的冷作硬化。

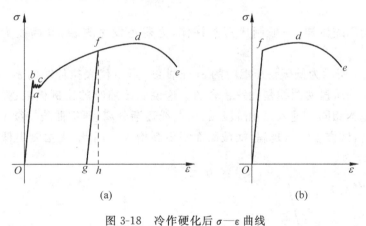

图 3-18 冷作硬化后 σ—ε 曲线

工程中常常利用冷作硬化现象,来提高某些构件的承载能力,如预应力钢筋、钢丝绳等。

3.3.2 铸铁拉伸

铸铁等其他金属材料拉伸试验和低碳钢拉伸试验做法相同,但材料显示出的力学性能有差异。如图 3-19 所示给出了锰钢、硬铝、退火球墨铸铁和 45 钢的应力—应变曲线。但前三种材料无明显的屈服阶段。

如图 3-20 所示是灰铸铁拉伸时的 σ—ε 曲线。由图可见,曲线无明显的直线部分,它表明材料不符合虎克定律,但在应力较小时,可用直线(虚线表示)代替曲线,即认为铸铁在应力较小时,也符合虎克定律。

灰铸铁拉伸时既无屈服阶段,也无缩颈现象。断裂时应变很小,断口为横截面,其伸长率 δ 通常只有 0.5%～0.6%,是典型的脆性材料。强度极限 σ_{b1} 是脆性材料唯一的强度指标。

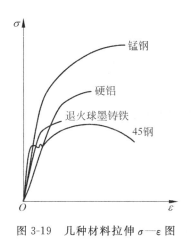

图 3-19 几种材料拉伸 σ—ε 图

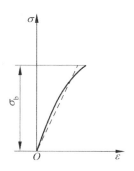

图 3-20 铸铁拉伸 σ—ε 图

3.3.3 材料压缩

金属材料的压缩试样，一般制成短圆柱体，为避免发生失稳，其高度为直径的 1.5～3 倍。

如图 3-21(a)所示为低碳钢压缩时的 σ—ε 曲线，虚线代表拉伸时的 σ—ε 曲线。可见，在弹性阶段和屈服阶段两曲线是大致重合的。这说明压缩时的比例极限、弹性模量和屈服极限与拉伸时基本相同。进入强化阶段后，两曲线逐渐分离，压缩曲线持续上升。由于应力超过屈服极限后，试样被越压越扁，横截面面积不断增大。因此，无法测出低碳钢的抗压强度极限。

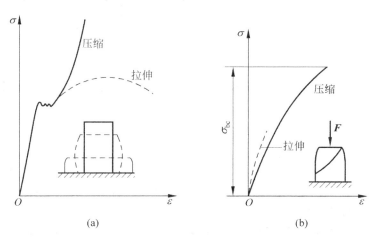

图 3-21 压缩 σ—ε 曲线
(a) 低碳钢压缩 σ—ε 曲线；(b) 铸铁压缩 σ—ε 曲线

铸铁压缩时的 σ—ε 曲线如图 3-21(b)所示，虚线为拉伸时的 σ—ε 曲线。可见，压缩时的 σ—ε 曲线也无明显的直线部分与屈服阶段，表明压缩时也是近似地符合虎克定律，亦不存在屈服极限。此外，断裂时应变亦很小，其断口是大约 45°的斜面，但铸铁压缩强度极限 σ_{by} 比拉伸强度极限 σ_{bl} 高出 4～5 倍，因此工程上常用脆性材料做受压构件。

综上所述,塑性材料和脆性材料力学性能的主要区别是:

(1)塑性材料断裂前有屈服现象,破坏时有显著的塑性变形;而脆性材料在变形很小时突然断裂,无屈服现象。

(2)塑性材料拉伸和压缩时,具有基本相同的强度和刚度。而脆性材料的抗压强度远远大于抗拉强度。

任务 3.4 压杆稳定性的分析与计算

3.4.1 压杆稳定性的实例与概念

在工程上压缩杆件(简称压杆)是非常普遍的,如螺旋式千斤顶的丝杠、曲柄滑块机构中的连杆、桁架中的压杆、各种建筑物的支柱等。对于压杆(特别是细长压杆),除应考虑其强度与刚度问题外,还应考虑其稳定性问题。压杆保持其原有直线平衡状态的能力,称为压杆的稳定性。

如图 3-22(a)所示,取一根细长压杆,当轴向压力 F_P 不大时,压杆能保持其原有的直线平衡状态,此时对压杆施加一微小横向干扰力,压杆便会发生微小弯曲,将干扰力撤去后,压杆经过几次摆动,又恢复为原来的直线平衡状态,如图 3-22(b)所示,这说明压杆原来的直线平衡是稳定平衡。但当轴向压力 F_P 逐增大到某一数值 F_{Pcr} 时,此时再对压杆施加干扰力使其变弯然后撤去,压杆就不再恢复为原来的直线平衡状态,而处于微弯平衡的状态,如图 3-22(c)所示。这说明压杆原来的直线平衡是不稳定平衡。

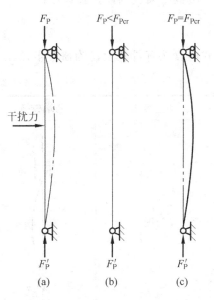

图 3-22 细长压杆稳定性分析

3.4.2 临界力的概念

轴向压力 F_{Pcr} 称为临界压力或简称为临界力 F_{Pcr},它的大小标志着压杆稳定性的高低。当达到临界力时,压杆会丧失其原有的直线形状而突然变弯,由直线平衡而转为曲线平衡,这称为压杆丧失稳定,简称为失稳。压杆失稳后,如果继续增大压力,杆件弯曲变形将会急剧增大,极易折断,从而丧失承载能力。结构中受压构件的失稳往往突然发生,导致整个结构物的轰然垮塌,造成很严重的后果。

必须指出,即使压杆未受到干扰力的作用,只要工作压力达到临界力 F_{Pcr} 的数值,压杆也会失稳。这是由于压杆不是理想的直杆,并存在某些初始缺陷,干扰因素也常常不可避免,如加载的偏心、周围环境的微小振动等,都起着干扰力的作用。

3.4.3 临界应力的分析计算

通过实践和实验以及理论分析,可按照柔度 λ 大小把压杆分为两类,相应的有两个公式计算临界应力 σ_{cr}(临界力 $F_{Pcr}=\sigma_{cr}\cdot A$,而 A 是压杆横截面积)。

(1) $\lambda \geqslant \lambda_p$ 时,属大柔度杆或细长杆,应采用欧拉公式

$$\sigma_{cr} = \frac{\pi^2 E}{\lambda^2} \tag{3-10}$$

(2) 当 $\lambda_s \leqslant \lambda < \lambda_p$ 时,属中柔度杆或中长杆,应采用经验公式

$$\sigma_{cr} = a - b\lambda \tag{3-11}$$

(3) 当 $\lambda < \lambda_s$ 时:属小柔度杆或短粗杆,不会发生失稳破坏现象,只是压缩强度问题。

其中柔度的计算公式是:

$$\lambda = \frac{\mu l}{i} \tag{3-12}$$

式中,l 为杆件长度,i 为惯性半径,μ 为支座系数,其值见表 3-2。

表 3-2 压杆的支座系数

支座形式	两端铰链	一端固定一端自由	一端固定一端铰链	两端固定
简图				
μ	1	2	0.7	0.5

柔度综合反映了压杆的支座形式、长度、横截面的形状和尺寸等因素对临界应力的影响,是一个重要的参数。

由上各式可见:压杆长度 l 越大,惯性半径 i 越小,压杆柔度 λ 就越大,表明压杆越细长、柔软,则临界应力就越小,即压杆稳定性越低。反之,长度小,惯性半径大,柔度就小,表明压杆越短粗、刚硬,则临界应力就越大,即压杆稳定性越高。

能力训练——压杆临界力的分析与计算示例

例 3-6 用普通碳钢 Q235 A 制成三根圆形压杆,直径均为 $d=50$mm,各压杆的两端均为铰链,各杆长度分别为 $l_1=2$m,$l_2=1$m,$l_3=0.5$m。求三根压杆的临界力。

解:首先计算各杆的柔度,判断各杆的类型,以决定采用何种公式。

由于是圆形压杆，所以横截面的惯性矩 $I=\dfrac{\pi d^4}{64}$、面积 $A=\dfrac{\pi d^2}{4}$、惯性半径 $i=\sqrt{\dfrac{I}{A}}=\dfrac{d}{4}=\dfrac{50}{4}=12.5\text{mm}$。

各压杆的两端均为铰链，所以支座系数 $\mu=1$。

将有关参数代入柔度计算式得：

$$\lambda_1=\frac{\mu_1 l_1}{i_1}=\frac{1\times 2000}{12.5}=160$$

$$\lambda_2=\frac{\mu_2 l_2}{i_2}=\frac{1\times 1000}{12.5}=80$$

$$\lambda_3=\frac{\mu_3 l_3}{i_3}=\frac{1\times 500}{12.5}=40$$

查表 3-3 可知 Q235 A 钢，$\lambda_s=60$，$\lambda_p=100$。所以：

$\lambda_1>100$，杆 1 是大柔度杆，应采用欧拉公式求临界力：

$$P_{lj}=\sigma_{lj1}A=\frac{\pi^2 E}{\lambda^2}A=\frac{\pi^2 E\pi d^2}{4\lambda_1^2}=\frac{3.14^3\times 200\times 10^3\times 50^2}{4\times 160^2}=151\times 10^3(\text{N})=151(\text{kN})$$

$60<\lambda_2<100$，杆 2 是中柔度杆，应采用经验公式求临界力，查表 3-3 可知：$a=304\text{MPa}$，$b=1.12\text{MPa}$。则：

$$P_{lj2}=\sigma_{lj2}A=(a-b\lambda_2)A=(a-b\lambda_2)\frac{\pi d^2}{4}$$

$$=(304-1.12\times 80)\times 3.14\times\frac{50^2}{4}=420760(\text{N})=420.8(\text{kN})$$

表 3-3 系数 a、b 及 λ_s、λ_p 值

材料类型	a/MPa	b/MPa	λ_s	λ_p
Q235 A 钢，10 钢，25 钢	304	1.12	60	100
35 钢	461	2.568	60	100
45 钢，55 钢	578	3.744	60	100
铸铁	332.2	1.454		80
硬铝	373	2.15		
松木	28.7	0.19	40	110

$\lambda_3<60$，杆 3 是小柔度杆，应采用压缩强度公式求极限力：

$$P_{lj3}=\sigma_{lj3}A=\sigma_s A=\sigma_s\frac{\pi d^2}{4}=235\times 3.14\times\frac{50^2}{4}=461188(\text{N})=461.2(\text{kN})$$

【示范项目 1 工作步骤 6】注意压杆的稳定性。续写设计说明书（草稿）。结果可参考附录 B【工作步骤 6(3)】。

然后参照上述步骤，同学们可在教师指导下分组完成附录 A 中的某一实践项目的工作步骤(6)相应部分。

3.4.4 提高压杆稳定性的实用措施

根据临界应力公式以及柔度公式可知，压杆稳定性的高低与材料、长度、横截面的形状

和尺寸,以及压杆两端的支承等诸因素有关。

1. 减小压杆长度

减小杆长可明显提高临界力。当工作长度不能减小时,可增加中间支座来减小杆长,如图 3-23 所示。

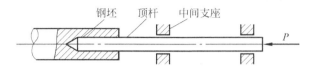

图 3-23 增加中间支座减小杆长

2. 选择惯性矩大的截面形状

当横截面面积 A 一定时,应选择惯性矩大的截面形状,即减小压杆柔度 λ。如图 3-24 所示,框形好于方形,空心圆好于实心圆,两条槽钢的组合,两个槽钢"面对面"好于"背靠背"。

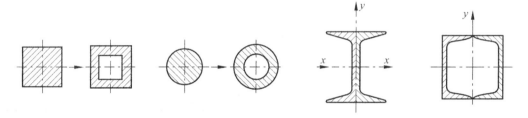

图 3-24 实心改为空心

3. 合理选用材料

由于优质钢和普通钢的 E 值相近,选用优质钢不能明显提高细长压杆的稳定性,不如选用普通钢,既合理又经济。

对于中长杆,其临界应力随着材料的强度指标 σ_s 的增大而提高,可选用优质钢来提高其稳定性。

4. 加强压杆约束

压杆约束的刚性越强,长度系数越低,则临界力就越大。一端固定,另一端自由的约束是最弱的,而两端固定的约束是最强的。

5. 变压杆为拉杆

如有可能,将结构(机构)中的压杆转换成拉杆,以从根本上消除失稳的隐患,如图 3-25 所示。

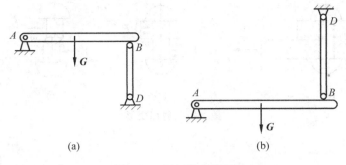

图 3-25 压杆转成拉杆

3.4.5 其他形式构件的失稳现象

除了压杆之外,其他形式的构件也有失稳现象,如横截面窄而高的梁、外压薄壁容器、弧形薄壁拱等,失稳后变成图中虚线的形状,如图 3-26 所示。

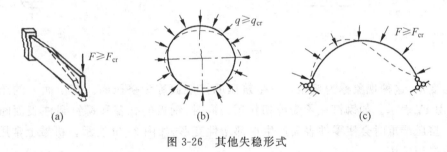

图 3-26 其他失稳形式

任务 3.5 连接件的剪切和挤压强度条件应用

3.5.1 连接件的受力特点和变形特点

1. 连接件的剪切

机器和结构物中,有很多传递横向载荷的连接件,如螺栓、销钉、铆钉以及键等。如图 3-27(a)所示为一铆钉连接及其铆钉的受力、变形情况。若钢板在横向载荷 F 的作用下发生横向错动,则铆钉的受力情况如图 3-27(b)所示,作用在铆钉上的这对力,与铆钉的轴线垂直,大小相等,方向相反,不作用在一条直线上,但相距很近。在这对力的作用下,铆钉的 $m—m$ 截面的相邻截面将出现相对错动,如图 3-27(c)所示,这种变形称为**剪切变形**。发生相对错动的面称为**剪切面**,剪切面上与截面相切的内力称**剪力**,用 F_s 表示,如图 3-27(d)所示。只有一个剪切面的称为**单剪**,有两个剪切面的称为**双剪**,如图 3-28 所示。

2. 连接件的挤压

连接件在发生剪切变形的同时,在传递载荷的接触面上也受到较大压力作用,从而出现

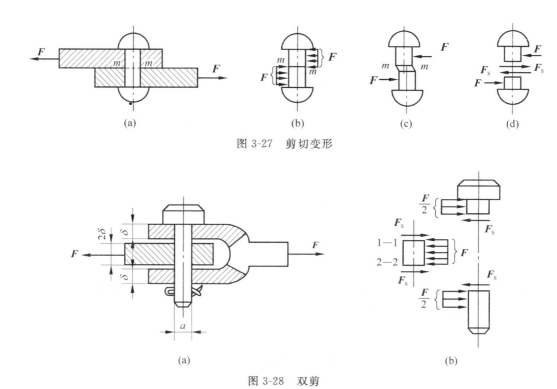

图 3-27 剪切变形

图 3-28 双剪

局部压缩变形,这种现象称为挤压。发生挤压的接触面称为挤压面。挤压面上的压力称为挤压力,用 F_{bs} 表示。如铆钉在承受剪切作用的同时,钢板的孔壁和铆钉圆柱表面间产生挤压作用。挤压严重时会使零件表面产生局部塑性变形,如图 3-29 所示。机械上常用的平键经常发生挤压破坏。

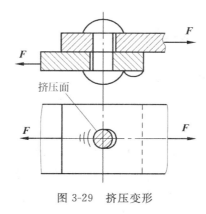

图 3-29 挤压变形

3.5.2 连接件的剪切和挤压实用计算

1. 剪切实用计算

由于连接件发生剪切而使剪切面上产生了剪应力 τ,剪应力在剪切面上的分布情况一般比较复杂,工程中为便于计算,通常认为剪应力在剪切面上是均匀分布的,由此得剪应力

τ 的计算公式为

$$\tau = \frac{F_s}{A} \tag{3-13}$$

式中,F_s 为剪切面上的剪力;A 为剪切面面积。

为保证连接件工作时安全可靠,要求剪应力不超过材料的许用剪应力。由此得剪切强度条件为

$$\tau = \frac{F_s}{A} \leqslant [\tau] \tag{3-14}$$

式中,$[\tau]$ 为材料的许用剪应力。

和拉伸/压缩构件强度条件的用途一样,应用剪切强度条件也可解决连接件剪切的三类强度问题(校核强度、设计截面、确定承载)。

2. 挤压实用计算

由挤压力引起的应力称为挤压应力,用 σ_{bs} 表示。挤压应力仅分布于接触表面附近的区域,其分布状况比较复杂,计算中通常认为挤压应力在计算挤压面上均匀分布。由此得挤压应力 σ_{bs} 的计算公式为

$$\sigma_{bs} = \frac{F_{bs}}{A_{bs}} \tag{3-15}$$

式中,F_{bs} 为挤压面上的挤压力;A_{bs} 为计算挤压面积。当挤压面为平面时,计算挤压面积即为实际挤压面积;当挤压面为圆柱面时,计算挤压面积等于半圆柱面的正投影面积,$A_{bs} = d\delta$,如图 3-30 所示。

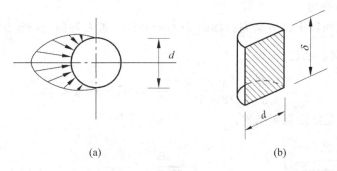

图 3-30　半圆柱挤压面

为保证连接件工作时安全可靠,要求挤压应力不超过材料的许用挤压应力。由此得挤压强度条件为

$$\sigma_{bs} = \frac{F_{bs}}{A_{bs}} \leqslant [\sigma_{bs}] \tag{3-16}$$

式中,$[\sigma_{bs}]$ 为材料的许用挤压应力。

和连接件剪切强度条件的用途一样,应用挤压强度条件也可解决连接件挤压的三类强度问题(校核强度、设计截面、确定承载)。

应当注意,挤压应力与压缩应力不同。挤压应力实际是分布在两构件接触表面上的压强,而压缩应力是分布在整个构件内部。

【示范项目1工作步骤(7)】按照剪切和挤压强度条件分别设计确定 B、C、D、E、O_1、O_2 六处连接螺栓(销钉)的直径。续写设计说明书(草稿)。结果可参考附录B【工作步骤7】。

然后参照上述步骤,同学们可在教师指导下分组完成附录 A 中某一实践项目的工作步骤(7)。

能力训练——剪切和挤压实用计算示例1

例 3-7 如图 3-31(a)所示为一齿轮(图中未画出)与轴通过平键连接。已知轴的直径 $d=70\text{mm}$,平键的尺寸为 $b\times h\times l=20\text{mm}\times12\text{mm}\times100\text{mm}$,传递的力矩 $M_e=2\text{kN}\cdot\text{m}$,键的许用剪应力 $[\tau]=60\text{MPa}$,许用挤压应力 $[\sigma_{bs}]=100\text{MPa}$。校核该平键的强度。

解:

(1) 校核剪切强度

将平键沿图示 n—n 截面分成两部分,并把 n—n 截面以下部分和轴作为一个整体来分析,如图 3-31(b)所示。列平衡方程

$$\sum M_O(F)=0, F\times\frac{d}{2}-M_e=0$$

得

$$F_s=F=\frac{2M_e}{d}$$

剪切面面积 $A=bl$ 代入式(3-13)

$$\tau=\frac{2M_e}{bld}=\frac{2\times 2\times 10^6}{20\times 100\times 70}=28.6\text{MPa}<[\tau]$$

可见,该平键满足剪切强度。

(2) 校核挤压强度

取键 n—n 截面以上部分研究。如图 3-31(c)所示,键右侧面上的挤压力 $F_{bs}=F$;挤压面面积 $A_{bs}=\dfrac{hl}{2}$。代入式(3-16)

$$\sigma_{bs}=\frac{4M_e}{hld}=\frac{4\times 2\times 10^6}{12\times 100\times 70}=95.2\text{MPa}<[\sigma_{bs}]$$

可见,该平键也满足挤压强度条件。

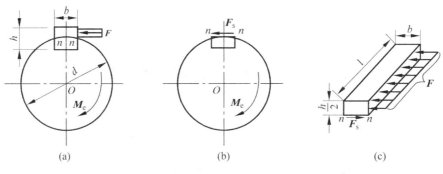

图 3-31 平键连接

能力训练——剪切和挤压实用计算示例2

例 3-8 两轴以凸缘联轴器相连接如图 3-32(a)所示,沿直径 $D=150\text{mm}$ 的圆周上对称

地分布着四个连接螺栓来传递力矩 M_e。已知 $M_e=2500$N·m，凸缘厚度 $h=10$mm，螺栓材料为 Q235 钢，许用剪应力 $[\tau]=80$MPa，许用挤压应力 $[\sigma_{bs}]=200$MPa。设计螺栓的直径。

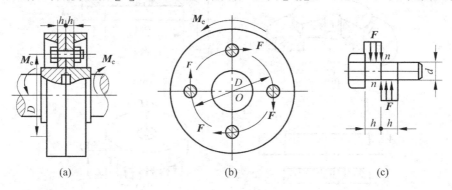

图 3-32 凸缘联轴器

解：

（1）螺栓的受力分析

因螺栓对称排列，故每个螺栓受力相同。假想沿凸缘接触面切开，考虑右边部分的平衡，如图 3-32(b)所示，列平衡方程

$$\sum M_O(\boldsymbol{F}) = 0, \quad M_e - 4 \times F \times \frac{D}{2} = 0$$

得

$$F = \frac{M_e}{2D} = \frac{2500000}{2 \times 150} = 8330(\text{N})$$

螺栓剪切面 n—n（如图 3-32(c)所示）的剪力 $F_s=F=8330$N。挤压力 $F_{bs}=F=8330$N。

（2）根据剪切强度设计螺栓直径，根据式(3-14)可得

$$\tau = \frac{F_s}{A} = \frac{8330}{\frac{\pi}{4}d^2} \leqslant 80\text{MPa}$$

得

$$d \geqslant 11.5\text{mm} = 12\text{mm}$$

（3）根据挤压强度设计螺栓直径，根据式(3-16)可得

$$\sigma_{bs} = \frac{F_{bs}}{A_{bs}} = \frac{8330}{hd} \leqslant 200\text{MPa}$$

得

$$d \geqslant 4.17\text{mm} = 5\text{mm}$$

所以螺栓直径应选取以上两者中较大的，即取 $d=12$mm。

能力训练——剪切和挤压实用计算示例 3

例 3-9 为了使某压力机在超过最大压力 160kN 时，重要机件不发生破坏，在压力机冲头内装有保险器如图 3-33(a)、图 3-33(b)所示。它的材料采用 HT200 铸铁，其剪切强度极限 $\tau_b=360$MPa，试设计保险器尺寸 δ。

解： 压力超过 160kN 时，保险器的圆环面 $\pi D \delta$ 就产生剪切破坏，如图 3-33(c)所示，破坏时的受力分析如图 3-33(d)所示。F 为最大压力的合力，则

$$F_{s\max} = F = 160(\text{kN})$$

$$A = \pi D \delta = 3.14 \times 50\delta = 15.7\delta$$

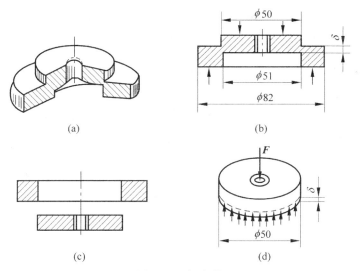

图 3-33 保险器

破坏时

$$\tau = \frac{F_{s\max}}{A} = \tau_b, \tau = \frac{160 \times 10^3}{15.7\delta} = 360(\text{MPa})$$

$$\delta = 2.8(\text{mm})$$

3.5.3 剪切虎克定律

1. 剪应变

构件发生剪切变形时,构件内与外力平行的截面会产生相对错动。在构件受剪部位中的某点 K 取一微小的直角六面体,如图 3-34(a)所示,将它放大,如图 3-34(b)所示。剪切变形时,截面发生相对滑动,致使直角六面体 $abcdefgh$ 变为平行六面体 $abcde'f'g'h'$(如图 3-34(b)所示)。线段 ee'(或 ff')为平行于外力的面 $efgh$ 相对于 $abcd$ 面的滑移量,称为绝对剪切变形。若把单位长度上的相对滑动量称为相对剪切变形并以 γ 表示,则

$$\frac{ee'}{dx} = \text{tg}\gamma \approx \gamma$$

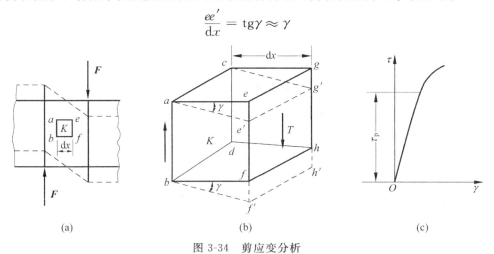

图 3-34 剪应变分析

相对剪切变形也称为剪应变。显然剪应变 γ 是矩形直角的微小改变量,故用弧度(rad)来度量。

2. 剪切虎克定律

由各种材料的大量试验可知,当构件的应力不超过剪切比例极限 τ_p 时,剪应力 τ 与剪应变 γ 成正比,即:

$$\tau = G\gamma \tag{3-17}$$

式中,G 称为材料的剪切弹性模量,是表示材料抵抗剪切变形能力的量,其单位与应力相同。式(3-17)称为剪切虎克定律。

可以证明,对于各向同性的材料,E、G、μ 三者之间存在以下关系:

$$G = \frac{E}{2(1+\mu)} \tag{3-18}$$

小　　结

1. 在本模块学习了以下基本和重要概念及知识。

内力、截面法;应力、极限应力、许用应力;安全系数;轴力和轴力图、剪力和剪应力、挤压力和挤压应力;正应力 σ 和线应变 ε、剪应力 τ 和剪应变 γ;拉压虎克定律 $\sigma = E\varepsilon \left(\Delta l = \frac{F_N l}{EA} \right)$ 和剪切虎克定律 $\tau = G\gamma$;弹性模量 E 和泊松比、抗拉压刚度 EA;$\sigma - \varepsilon$ 曲线、比例极限 σ_p、屈服极限 σ_s、强度极限 σ_b;延伸率 δ 和截面收缩率 ψ;塑性材料和脆性材料;稳定性、失稳、临界力。

2. 构件的承载力包含三个方面:强度、刚度、稳定性。

强度是指构件抵抗破坏的能力。刚度是指构件抵抗弹性变形的能力。稳定性主要指轴向压杆维持其原有直线平衡状态的能力。

3. 构件的四种基本变形:轴向拉伸/压缩、剪切、扭转、弯曲。

4. 强度条件可解决三方面问题:校核强度、设计截面、确定载荷。

轴向拉伸/压缩强度条件: $\sigma = \dfrac{F_N}{A} \leqslant [\sigma]$

剪切强度条件: $\tau = \dfrac{F_s}{A} \leqslant [\tau]$

挤压强度条件: $\sigma_{bs} = \dfrac{F_{bs}}{A_{bs}} \leqslant [\sigma_{bs}]$

需要进行剪切和挤压强度计算的四种连接件是螺栓、销钉、铆钉、键。其中,螺栓、销钉、铆钉的计算挤压面积是半圆柱面的正投影面积。

5. 从稳定性观点出发轴向压杆分为三类:

$\lambda \geqslant \lambda_p$ 是大柔度杆用欧拉公式;$\lambda_s \leqslant \lambda < \lambda_p$ 是中柔度杆用直线公式;$\lambda < \lambda_s$ 是小柔度杆用强度公式。

减小压杆长度、合理选择压杆截面形状、改变压杆约束条件、选用弹性模量大的材料等措施可提高压杆的稳定性。

习 题

1. 辨别如图3-35所示杆件哪些属于轴向拉伸或压缩。

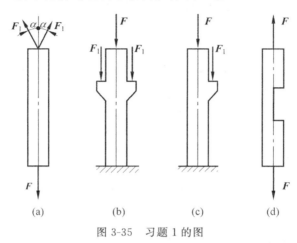

图3-35 习题1的图

2. 如图3-36所示托架,若AB杆的材料选用铸铁,AC杆的材料选用碳钢。分析这样选材是否合理?为什么?

3. 如图3-37所示σ—ε曲线中的三种材料1、2、3,指出:①哪种材料的强度高?②哪种材料的刚度大(在弹性范围内)?③哪种材料的塑性好?

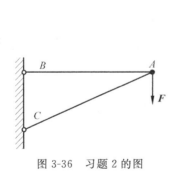

图3-36 习题2的图

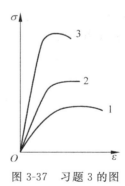

图3-37 习题3的图

4. 求如图3-38所示各杆指定截面的轴力,并画轴力图。

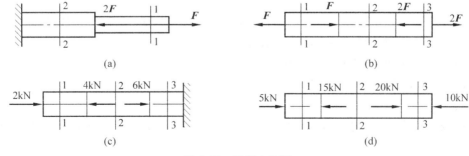

图3-38 习题4的图

5. 如图 3-39 所示变截面直杆。已知 $A_1=800\text{mm}^2$，$A_2=400\text{mm}^2$，$E=200\text{GPa}$，画出杆的轴力图，并求杆的总变形。

6. 如图 3-40 所示吊环螺钉，其外径 $d=48\text{mm}$，内径 $d_1=42.6\text{mm}$，吊重 $F=50\text{kN}$。求螺钉横截面上的应力。

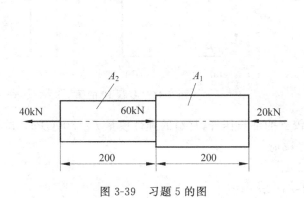

图 3-39 习题 5 的图

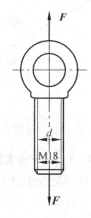

图 3-40 习题 6 的图

7. 如图 3-41 所示液压缸盖与缸体采用 6 个螺栓连接，已知液压缸内径 $D=350\text{mm}$，油压 $p=1\text{MPa}$，若螺栓材料的许用应力 $[\sigma]=40\text{MPa}$，求螺栓的内径。

8. 汽车离合器踏板如图 3-42 所示。已知踏板受到的压力 $F_1=400\text{N}$，拉杆 1 的直径 $D=9\text{mm}$，杠杆臂长 $L=330\text{mm}$，$l=56\text{mm}$，拉杆的许用应力 $[\sigma]=50\text{MPa}$，校核拉杆 1 的强度。

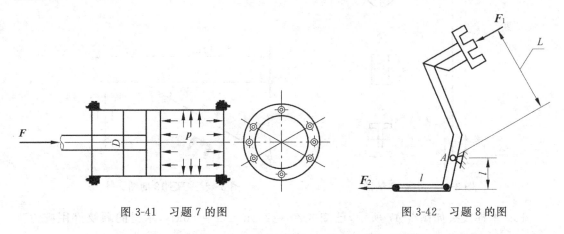

图 3-41 习题 7 的图　　　　图 3-42 习题 8 的图

9. 在如图 3-43 所示简易吊车中，BC 为钢杆，AB 为木杆。木杆 AB 的横截面面积 $A_1=100\text{cm}^2$，许用应力 $[\sigma]_1=7\text{MPa}$；钢杆 BC 的横截面面积 $A_2=6\text{cm}^2$，许用应力 $[\sigma]_2=160\text{MPa}$。求许可吊重。

10. 如图 3-44 所示细长压杆均为圆杆，其直径均相同，且 $d=16\text{mm}$，材料均为 Q235 钢，弹性模量 $E=200\text{GPa}$。其中，图(a)为两端铰支，图(b)为一端固定，另一端铰支，图(c)为两端固定。求这三种情况下的临界载荷大小。

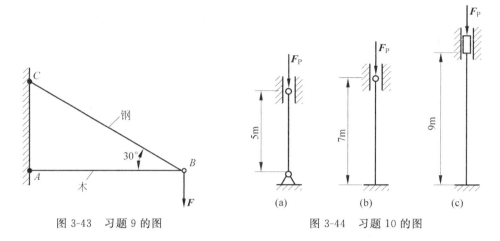

图 3-43 习题 9 的图　　　　图 3-44 习题 10 的图

11. 如图 3-45 所示为两端球形铰支的细长压杆,材料的弹性模量 $E=200\text{GPa}$。试根据以下所给条件用欧拉公式计算其临界载荷。

(1) 圆形截面,$d=30\text{mm}$,$l=1.2\text{m}$;

(2) 矩形截面：$h=2b=50\text{mm}$,$l=1.2\text{m}$；

(3) No.14 工形钢,$l=1.9\text{m}$。

12. 简易起重机如图 3-46 所示。压杆 BD 为 18b 槽钢,材料为 Q235 钢。已知最大起吊重量 $F=40\text{kN}$,分析计算杆 BD 的稳定性。

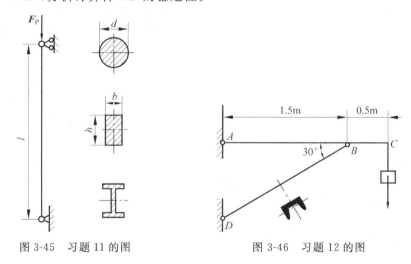

图 3-45 习题 11 的图　　　　图 3-46 习题 12 的图

13. 木榫接头如图 3-47 所示,已知 $a=b=250\text{mm}$,$F=50\text{kN}$,木材的顺纹许用应力为 $[\tau]=1\text{MPa}$,$[\sigma_{bs}]=10\text{MPa}$。求接头处所需的尺寸 h 和 c。

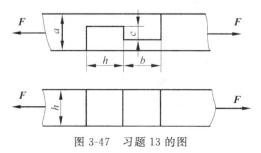

图 3-47 习题 13 的图

14. 如图 3-48 所示零件和轴用 B 形平键连接，设轴径 $d=75$mm，平键的尺寸为 $b=20$mm，$h=12$mm，$l=120$mm，轴传递的扭矩 $T=2$kN·m，平键的材料的许用切应力和许用挤压应力分别为 $[\tau]=80$MPa、$[\sigma_{bs}]=100$MPa，校核该平键的强度。

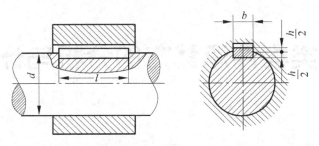

图 3-48　习题 14 的图

15. 如图 3-49 所示，已知钢板厚度 $t=10$mm，其剪切极限应力为 $\tau_b=300$MPa。若用冲床将钢板冲出直径 $d=25$mm 的孔，问需要多大的冲剪力。

16. 一带肩杆件如图 3-50 所示。若杆件材料的 $[\sigma]=160$MPa，$[\tau]=100$MPa，$[\sigma_{bs}]=320$MPa，求杆件的许可载荷。

17. 图 3-51 所示螺钉在拉力 F 作用下。已知材料的许用切应力 $[\tau]$ 和许用拉伸应力 $[\sigma]$ 之间的关系约为 $[\tau]=0.6[\sigma]$，求螺钉直径 d 与钉头高度 h 的合理比值。

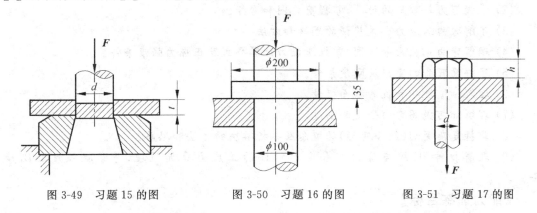

图 3-49　习题 15 的图　　图 3-50　习题 16 的图　　图 3-51　习题 17 的图

模块4

梁类构件承载力的分析与计算

【引言】

在模块3完成了"示范项目1"中"5.工作步骤"的(6)、(7),为进行"5.工作步骤"的(8),还需完成模块4的学习和训练。

模块4的内容主要有两大部分:一是对发生弯曲变形的构件进行强度/刚度方面的设计计算;二是对发生拉伸/压缩与弯曲组合变形的构件进行强度方面的设计计算。

【知识学习目标】

(1) 了解平面弯曲的受力特点和变形特点、梁的三种典型形式。

(2) 掌握剪力与弯矩的计算,掌握剪力图和弯矩图。

(3) 了解弯曲正应力公式推证的思路和方法。

(4) 理解弯曲正应力分布图,掌握正应力计算公式及正应力强度条件。

(5) 了解梁弯曲的变形及刚度条件。

(6) 理解轴惯性矩和抗弯截面模量。

(7) 理解如何提高弯曲强度和刚度。

(8) 掌握复杂变形(组合变形)的概念及分析解决的方法和思路。

(9) 理解拉伸/压缩与弯曲组合变形构件的正应力叠加原理,并掌握强度和刚度条件。

【能力训练目标】

(1) 会用截面法分析计算剪力与弯矩。

(2) 会用简便方法计算并绘制弯矩图。

(3) 能够利用常见弯矩图表绘制弯矩图。

(4) 能够利用简单载荷下变形图表并用叠加法求梁的变形。

(5) 会用弯曲正应力计算公式和弯曲变形计算公式。

(6) 能应用弯曲强度/刚度条件解决工程中三方面(校核强度/刚度、设计截面、确定载荷)的实际问题。

(7) 能应用拉伸/压缩与弯曲组合变形强度条件解决工程中三方面(校核强度、设计截面、确定载荷)的实际问题。

任务 4.1 梁弯曲的内力及内力图

4.1.1 梁弯曲的实例和概念

机械设备和工程结构(特别是建筑物)有许多发生弯曲变形的构件,通常把发生弯曲变形(或以弯曲变形为主)的构件称为梁。如行车大梁、火车轮轴、各种公路铁路桥梁、挑(抬)东西用的扁担,跳水时进行弹跳的跳板等。常见梁的横截面如图 4-1 所示。

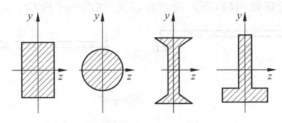

图 4-1 常见梁的横截面

本书只分析解决常见的直梁平面弯曲问题,即梁的轴线是直线且梁具有纵向对称平面,如图 4-2 所示。直梁平面弯曲问题的受力特点是:所有载荷均垂直于梁轴线,并都位于梁的纵向对称平面内(如图 4-2 所示的阴影面);其变形特点是:梁的轴线由直线弯成了曲线。

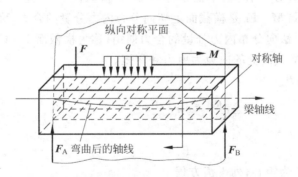

图 4-2 平面弯曲

在分析解决常见的直梁平面弯曲问题时,通常用梁的轴线来代表梁,并将梁的载荷和支座作适当简化。

作用于梁上的外力,包括载荷和支座反力,可以简化为集中力、分布载荷和集中力偶三种形式。当载荷的作用范围较小时,简化为集中力;若载荷连续作用于梁上,则简化为分布载荷。沿梁轴线单位长度上所受的力称为载荷集度,以 q(单位为 N/m)表示(见图 4-2)。集中力偶可理解为力偶的两力分布在很短的一段梁上。

根据梁的支座性质与位置的不同,支座可简化为三种形式:活动铰支座、固定铰支座和固定端支座。

于是,得出梁的三类典型计算简图:

(1) 简支梁。一端是活动铰支座,另一端为固定铰支座的梁,如图 4-3 所示;
(2) 外伸梁。一端或两端伸出支座之外的简支梁,如图 4-4 所示;
(3) 悬臂梁。一端为固定端支座,另一端自由的梁,图 4-5 所示。

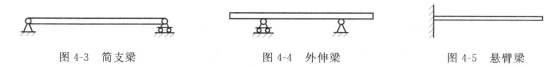

图 4-3 简支梁　　　　　　图 4-4 外伸梁　　　　　　图 4-5 悬臂梁

本书只分析解决静定梁问题,不讨论超静定梁,如图 4-6 所示。

(a)　　　　　　　　　　　　(b)

图 4-6 超静定梁

4.1.2 剪力和弯矩的分析计算

如图 4-7(a)所示简支梁,其上作用的载荷已知,根据梁的静力平衡条件,求出梁的支座反力 F_A 和 F_B。采用截面法,假想在横截面 1—1 处将梁截开分成左、右两段。取左段为研究对象,如图 4-7(b)所示,由左段平衡条件可知,在横截面 1—1 上必定有维持左段梁平衡的横向力 F_s 以及力偶 M。F_s 是横截面上切向分布内力分量的合力,称为横截面 1—1 上的剪力。M 是横截面上法向分布内力分量的合力偶矩,称为横截面 1—1 上的弯矩。

可见,梁弯曲时横截面上的内力为剪力和弯矩。

对左段列平衡方程

$$\sum F_y = 0, \quad F_A - F_1 - F_s = 0$$

得

$$F_s = F_A - F_1$$

再以截面形心 C 为矩心,列平衡方程

$$\sum M_C = 0 \quad -F_A x + F_1(x-a) + M = 0$$

得

$$M = F_A x - F_1(x-a)$$

如取右段为研究对象,同样可求得横截面 1—1 上的内力 F_s 和 M,两者数值相等,但方(转)向相反,如图 4-7(c)所示。为使取左段和取右段求得的同一截面上的剪力和弯矩不但在数值上相等,而且符号也相同,对剪力和弯矩的正负号作如下规定:使微段梁产生左侧截面向上、右侧截面向下相对错动的剪力为正,如图 4-8(a)所示,反之为负,如图 4-8(b)所示;使微段梁产生上凹下凸弯曲变形的弯矩为正,如图 4-9(a)所示;反之为负,如图 4-9(b)所示。

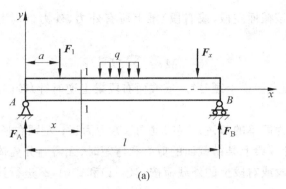

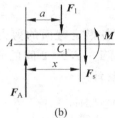

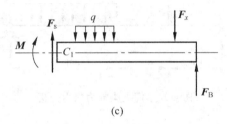

图 4-7 剪力和弯矩

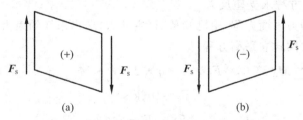

图 4-8 剪力的正负

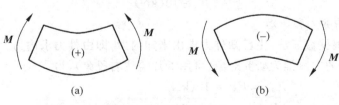

图 4-9 弯矩的正负

总结上例对截面上剪力和弯矩的分析计算，可归纳出剪力和弯矩的简便算法。

截面上剪力等于该截面左段（或右段）梁上所有外力的代数和，即

$$F_s = \sum F \tag{4-1}$$

取代数和时，截面左段梁上向上外力（或右段梁上向下外力）为正，反之为负；

截面上弯矩等于该截面左段（或右段）梁上所有外力、外力偶对截面形心 C 的力矩、力偶矩的代数和，即

$$M = \sum M_C \tag{4-2}$$

取代数和时，截面左段梁上顺时针（或截面右段梁上逆时针）转向的外力矩、外力偶矩为正，反之为负。

上述结论可归纳为简单的口诀："左上右下，剪力为正；左顺右逆，弯矩为正。"

综上所述，分析计算梁上某横截面的剪力和弯矩时，无需画分离体受力图、列平衡方程，而直接根据该截面左段或右段上的外载荷按式(4-1)和式(4-2)进行计算。

能力训练——梁弯曲内力计算示例

例 4-1 简支梁受载如图 4-10 所示。求图中各指定截面的剪力和弯矩。截面 1—1、2—2 表示集中力 F 作用处的左、右侧截面，即截面 1—1，2—2 间的间距趋于无穷小，截面 3—3、4—4 表示集中力偶矩 M_e 作用处的左、右侧截面。

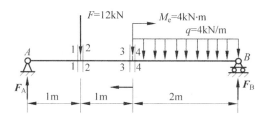

图 4-10 简支梁外力内力分析

解：

(1) 由静力平衡方程求支座反力

这一步是根据静力平衡方程，由已知载荷（主动力）求出未知约束力，即由外力求外力。

由整条梁的受力图建立平衡方程：

$$\sum M_A = 0, \quad F_B \times 4 - q \times 2 \times 3 - M_e - F \times 1 = 0$$

故 $\qquad F_B = 10 (\text{kN})$

$$\sum F_y = 0, \quad F_A - F - q \times 2 + F_B = 0$$

故 $\qquad F_A = 10 (\text{kN})$

(2) 求截面的剪力和弯矩

这一步是由根据截面法，由已知外力求出未知内力，即由外力求内力。

取 1—1 截面的左段梁为研究对象（可用纸片盖住右段梁），得

$$F_{s1} = F_A = 10 (\text{kN})$$
$$M_1 = F_A \times 1 = 10 \times 1 = 10 (\text{kN} \cdot \text{m})$$

取 2—2 截面的左段梁为研究对象（可用纸片盖住右段梁），得

$$F_{s2} = F_A - F = 10 - 12 = -2 (\text{kN})$$
$$M_2 = F_A \times 1 - F \times 0 = 10 \times 1 - 0 = 10 (\text{kN} \cdot \text{m})$$

取 3—3 截面的右段梁为研究对象（可用纸片盖住左段梁），得

$$F_{s3} = q \times 2 - F_B = 4 \times 2 - 10 = -2 (\text{kN})$$

$$M_3 = -M_e - q \times 2 \times 1 + F_B \times 2$$
$$= -4 - 4 \times 2 \times 1 + 10 \times 2 = 8(\text{kN} \cdot \text{m})$$

取 4—4 截面的右段梁为研究对象(可用纸片盖住左段梁),得
$$F_{s4} = q \times 2 - F_B = 4 \times 2 - 10 = -2(\text{kN})$$
$$M_4 = -q \times 2 \times 1 + F_B \times 2$$
$$= -4 \times 2 \times 1 + 10 \times 2 = 12(\text{kN} \cdot \text{m})$$

比较 1—1 截面和 2—2 截面的剪力值,可见,集中力 F 作用处的两侧截面上的剪力发生突变,突变值即为集中力的数值;同样,比较 3—3 截面和 4—4 截面,可见,在集中力偶 M_e 作用处的两侧截面上,弯矩值发生突变,突变值即为集中力偶矩 M_e 的数值。

4.1.3 绘制剪力图和弯矩图

1. 剪力方程和弯矩方程

一般情况下,梁横截面上的剪力和弯矩随截面位置的不同而发生变化,若以坐标 x 表示横截面的位置,则梁横截面上的剪力和弯矩都可以表示为 x 的函数,即

$$\boldsymbol{F}_s = \boldsymbol{F}_s(x) \tag{4-3}$$

$$\boldsymbol{M} = \boldsymbol{M}(x) \tag{4-4}$$

以上两式是梁横截面上的剪力和弯矩沿梁轴线变化的表达式,称为梁的剪力方程和弯矩方程。

为了直观形象地反映剪力和弯矩沿梁轴线的变化情况,和前述轴力图一样,可以绘制剪力图和弯矩图。

在绘制剪力图和弯矩图时,需以梁的界点把梁分为几段。梁的分界点是:梁的端点、梁的支座、集中力/集中力偶的作用点、均布载荷的起点和终点。

剪力图和弯矩图可以反映出梁上最大剪力和最大弯矩的数值及位置,以此可确定梁的危险截面。正确绘制剪力图和弯矩图是进行梁强度和刚度计算的基础。

2. 弯矩图的规律及简便画法

通常,由弯矩所产生的正应力 σ 比由剪力所产生的剪应力 τ 大得多。因此,工程上一般只进行弯曲正应力的强度计算,而较少作剪应力的强度计算。为此,下面只学习训练弯矩图的简便画法,以及由弯矩所引起的正应力 σ。

人们在分析研究了许多弯矩图之后,总结和归纳出其规律如下:

(1) 梁上某段无均布载荷($q=0$)时,弯矩图是斜直线段。求出两分界点的弯矩值后,可画出此段弯矩图。

(2) 梁上某段有向下的均布载荷($q \neq 0$)时,弯矩图是抛物线段(图形大致是:⌒、⌒、⌒),一般需要要求出三个点的弯矩值后才可画出。

(3) 在集中力偶 m 的作用处 C,弯矩图有突变(即 $M_{C左} \neq M_{C右}$),且突变的大小和形式与集中力偶 m 的大小和形式(转向)一致。

根据以上规律,可以较为简便而迅速地画出弯矩图,下面举例说明。

能力训练——梁弯矩图绘制示例1

例 4-2 一简支梁 AB 如图 4-11(a)所示,在梁的 C 点作用有集中力 F,画出梁的弯矩图。

解：

(1) 由静力平衡方程求支座反力

$$\sum M_B(F) = 0, \quad Fb - F_A l = 0, \quad F_A = \frac{Fb}{l}$$

$$\sum F_y = 0, \quad F_A - F + F_B = 0, \quad F_B = \frac{Fa}{l}$$

(2) 分析并画出弯矩图

显然,梁 AB 中有 A、C、B 三个界点,于是自然将梁分为 AC、CB 两段。两段梁上皆无均布载荷(即 $q=0$),所以两段弯矩图都应是斜直线段。

根据两点定直线的原则,需要计算 A、C、B 三个界点的弯矩值：

$$M_A = F_A \times 0 = 0, \quad M_B = F_B \times 0 = 0$$

$$M_C = F_A \times a = \frac{Fb}{l} \times a = \frac{Fab}{l}$$

或：

$$M_C = F_B \times b = \frac{Fa}{l} \times b = \frac{Fab}{l}$$

据此可出画弯矩图,如图 4-11(c)所示。

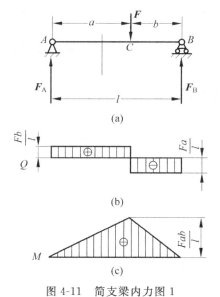

图 4-11 简支梁内力图 1

若集中力 F 作用于梁的正中点,即 $a=b=\dfrac{l}{2}$,梁的弯矩最大值：

$$M_{max} = \frac{Fl}{4}$$

梁的这种情况是最危险的,在工程上也是常见的。

 能力训练——梁弯矩图绘制示例2

例 4-3 一简支梁 AB 如图 4-12(a)所示,在梁上作用有均布载荷 q,画出梁的弯矩图。

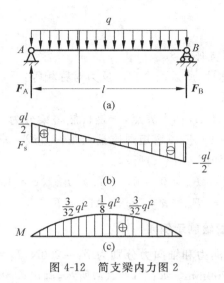

图 4-12 简支梁内力图 2

解：

(1) 由静力平衡方程求支座反力

由于梁和载荷具有对称性，所以两个支座反力对称相等：$F_A = F_B = \dfrac{ql}{2}$。

(2) 分析并画出弯矩图

由于梁上作用有均布载荷（即 $q \neq 0$），所以梁的弯矩图是抛物线段，而抛物线段至少要确定三个点才可画出。除了 A、B 两个端点之外，应再取梁的正中点，计算它们的弯矩值：

$$M_A = F_A \times 0 = 0, \quad M_B = F_B \times 0 = 0, \quad M_C = F_A \times \dfrac{l}{2} - q \times \dfrac{l}{2} \times \dfrac{l}{4} = \dfrac{ql^2}{8}$$

据此可画出该梁的弯矩图，如图 4-12(c)所示。

应特别注意，在梁的正中点处，弯矩有最大值：

$$M_{\max} = \dfrac{ql^2}{8}$$

能力训练——梁弯矩图绘制示例 3

例 4-4 一简支梁 AB 如图 4-13(a)所示，在梁上作用有两个集中力 F，画出梁的弯矩图。

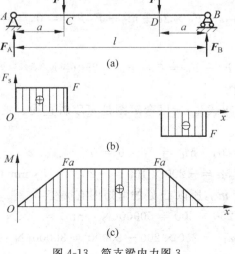

图 4-13 简支梁内力图 3

解:

(1) 由静力平衡方程求支座反力

由于梁和载荷具有对称性,所以两个支座反力对称相等:$F_A = F_B = F$。

(2) 分析并画出弯矩图

显然,梁 AB 中有 A、C、D、B 四个界点,于是自然将梁分为 AC、CD、DB 三段。由于梁上各段皆无均布载荷(即 $q=0$),所以弯矩图应是三段斜直线。求出 A、C、D、B 四个界点的弯矩值后即可画出弯矩图,如图 4-13(c) 所示。

$$M_A = F_A \times 0 = 0, \quad M_B = F_B \times 0 = 0$$
$$M_C = F_A \times a = Fa, \quad M_D = F_B \times a = Fa$$

能力训练——梁弯矩图绘制示例 4

例 4-5 已知齿轮的径向力和轴向力分别为 $F_1 = 200\text{N}$, $F_2 = 500\text{N}$, $F_3 = 400\text{N}$, 齿轮的分度圆半径 $r = 50\text{mm}$, $a = 200\text{mm}$。如图 4-14(a) 所示,画出齿轮轴的弯矩图。

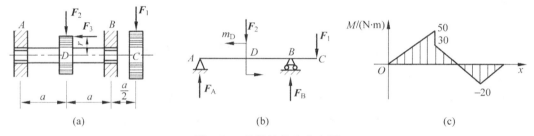

图 4-14 齿轮轴外力内力图

解:

(1) 按静力平衡方程求支座反力

先将轴向力 $\boldsymbol{F}_3$ 平移至轴线上($\boldsymbol{F}_3$ 本身不画出),得到附加力偶 m_D,再画出齿轮轴的计算简图,如图 4-14(b) 所示。

附加力偶矩

$$M_D = F_3 r = 400 \times 50 = 20000(\text{N} \cdot \text{mm}) = 20(\text{N} \cdot \text{m})$$

$$\sum M_A(\boldsymbol{F}) = 0$$
$$-F_1 \times 2.5a + F_B \times 2a + m_D - F_2 \times a = 0, \quad F_B = 450(\text{N})$$

$$\sum \boldsymbol{F}_y = 0$$
$$F_A - F_1 - F_2 + F_B = 0, \quad F_A = 250(\text{N})$$

(2) 分析并画出弯矩图

由于梁上各段皆无均布载荷,所以弯矩图是三段斜直线。求出 A、D、B、C 四个界点的弯矩值后即可画出弯矩图。

$$M_A = F_A \times 0 = 0, \quad M_C = F_1 \times 0 = 0$$
$$M_B = -F_1 \times 0.5a = -200 \times 100 = -20000(\text{N} \cdot \text{mm}) = -20(\text{N} \cdot \text{m})$$

因为 D 处有集中力偶 $\boldsymbol{m}_D$,所以 D 处的弯矩图有突变:

$$M_{D左} = F_A \times a = 250 \times 200 = 50000(\text{N} \cdot \text{mm}) = 50(\text{N} \cdot \text{m})$$
$$M_{D右} = F_A \times a - m_D = 250 \times 200 - 20000 = 30000(\text{N} \cdot \text{mm}) = 30(\text{N} \cdot \text{m})$$

突变值的大小（50－30＝20N·m）与集中力偶 m_D 的大小（20N·m）相等。
据此可画出弯矩图，如图 4-14(c)所示。

3. 常见载荷下梁的弯矩图

下面将工程实际中的若干常见载荷下梁的弯矩图汇集于表 4-1 中，以便查用。

表 4-1　常见载荷下梁的弯矩图

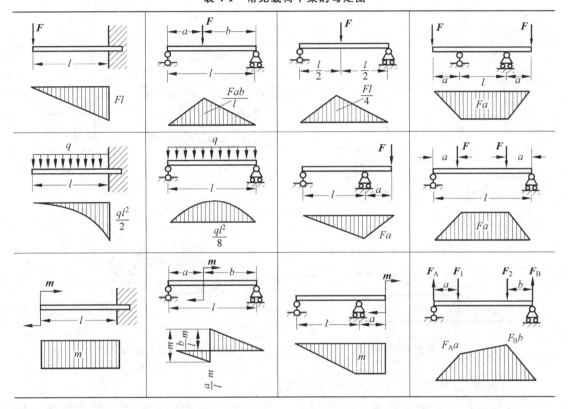

任务 4.2　梁弯曲强度条件及应用

4.2.1　纯弯曲梁的变形和应力分析

一般情况下，梁发生平面弯曲时，其横截面上既有弯矩又有剪力，这种平面弯曲称为剪切弯曲。而在有些情况下，一段梁的横截面上，只有弯矩，没有剪力，这种弯曲称为纯弯曲。例如简支梁 AB，其上作用两个对称的集中力 F，如图 4-15 所示。在梁的 AC 和 DB 两段内，各横截面上同时有剪力 F_s 和弯矩 M，为剪切弯曲；而在中间 CD 段内的各横截面上，只有弯矩 M，没有剪力 F_s，为纯弯曲。

本书着重分析研讨纯弯曲时梁横截面上的正应力，并以此为基础，把有关结论推广到剪切弯曲。

现取一矩形截面梁，先在其表面画些平行于梁轴线的纵向线和垂直于梁轴线的横向线，即形成矩形网格,如图 4-16(a)所示。然后,在梁的两端施加一对等值、反转向的力偶,使梁发生纯弯曲变形,如图 4-16(b)所示。

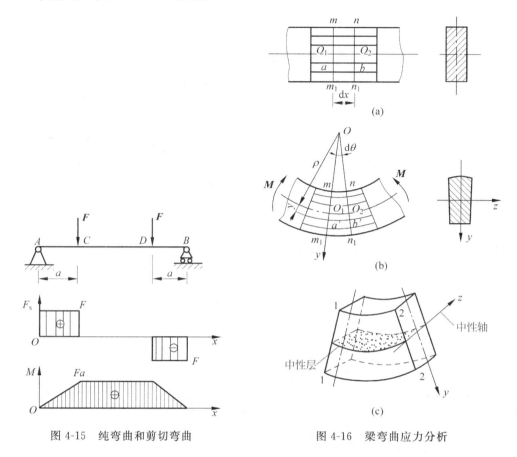

图 4-15 纯弯曲和剪切弯曲

图 4-16 梁弯曲应力分析

通过观察,可发现以下两方面的变形现象。

(1) 纵向线弯曲成圆弧线,其间距不变。靠凸边的纵向线伸长,而靠凹边的纵向线缩短。

(2) 横向线依然为直线,只是相对转过一个角度,但仍与弯曲后的纵向线垂直。

将梁设想为由无数条纵向纤维组成,彼此之间没有相互挤压,各条纵向纤维只发生轴向拉伸或压缩变形。根据上述的表面变形现象,推测梁内部的变形与表面相同,便可作出如下两个推论。

(1) 横截面上无剪应力。由于变形前后,横截面(横向线代表)始终垂直于纵向线,直角未有改变,表明横截面间无相对错动,即无剪切变形,因此横截面上无剪应力。

(2) 横截面上同时有拉伸和压缩正应力。由于各条纵向纤维(纵向线代表)一部分伸长,另一部分缩短,因此横截面上一部分点产生轴向拉伸正应力,另一部分点产生轴向压缩正力。

如图 4-16(b)所示,梁的下部纤维伸长,上部纤维缩短。由于变形是逐渐和连续的,因此沿梁的高度必然存在一个既不伸长也不缩短的纤维层,称为中性层。中性层与横截面的交线称为中性轴,即图 4-16(c)中的 z 轴,它是横截面上拉应力区和压应力区的分界线。理论和实验都证实,梁的轴线就位于中性层内,而中性轴必通过横截面的形心,梁的横截面绕中性轴 z 转动了一个角度。

4.2.2 梁弯曲时正应力分布及计算

为了得到纯弯曲时正应力计算公式,需要从几何、物理、静力平衡三方面进行分析推导,由于过程复杂,本书只将有关结果介绍如下。

1. 正应力分布图

各点应力的大小与各点到中性轴的距离成正比,所以,中性轴上的各点正应力为零,横截面顶边和底边上的各点正应力值(绝对值)为最大。横截面上同一高度的各点,正应力相同。正应力的分布图如图 4-17 所示。

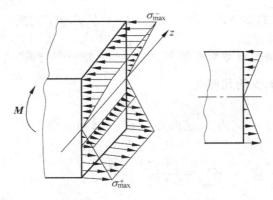

图 4-17 弯曲正应力分布图

2. 正应力计算公式

横截面上任意一点的正应力计算公式为

$$\sigma = \frac{My}{I_z} \tag{4-5}$$

式中,M 为横截面上的弯矩;y 为横截面上任意一点到中性轴 z 的距离;I_z 为横截面对中性轴 z 的惯性矩。

式(4-5)虽是在纯弯曲时分析推导出来的,但理论分析和实验均证实,当梁的跨度 l 与横截面高度 h 之比 $\frac{l}{h} > 5$ 时,式(4-5)同样适用于剪切弯曲。

在使用式(4-5)时,弯矩 M 和距离 y 均可以绝对值代入,求出的应力 σ 也是绝对值。具体到某点应力的正负号,可根据梁变形情况及该点的位置来决定:

当弯矩 M 为正时,梁变形为上凹下凸,横截面各点的应力是上负下正,如图 4-18(a)所示;

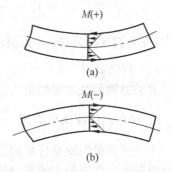

图 4-18 弯矩正负与正应力分布

当弯矩 M 为负时,梁变形为上凸下凹,横截面各点的应力是上正下负,如图 4-18(b)所示。在进行强度计算时,须求出横截面上应力的最大值。显然,横截面的顶边和底边上各点的 y 值为最大,应力值为最大,是横截面上的危险点。

所以,横截面上的最大正应力计算公式为

$$\sigma_{max} = \frac{My_{max}}{I_z} \tag{4-6}$$

令 $W_z = \dfrac{I_z}{y_{max}}$,$W_z$ 称为横截面对中性轴 z 的抗弯截面系数,单位是 m^3。则

$$\sigma_{max} = \frac{M}{W_z} \tag{4-7}$$

式中,W_z 为抗弯截面系数。

3. 横截面的惯性矩及抗弯截面系数

横截面对中性轴 z 的惯性矩 I_z 的定义是:$I_z = \displaystyle\int_A y^2 dA$,它是一个与横截面的形状、尺寸大小有关的几何量,而抗弯截面系数 $W_z = \dfrac{I_z}{y_{max}}$,也是一个与横截面的形状、尺寸大小有关的几何量。

(1) 矩形截面

设矩形截面的高为 h,宽为 b,过形心 O 作 y 轴和 z 轴,如图 4-19 所示。

$$I_z = \frac{bh^3}{12}, \quad W_z = \frac{I_z}{y_{max}} = \frac{bh^3/12}{h/2} = \frac{bh^2}{6}$$

$$I_y = \frac{hb^3}{12}, \quad W_y = \frac{hb^2}{6}$$

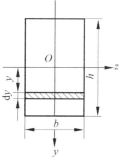

图 4-19 矩形截面

(2) 圆形与圆环形截面

设圆形截面的直径为 d,y 轴和 z 轴过形心 O,如图 4-20 所示。因圆截面是关于中心对称的,$I_y = I_z$,所以有

$$I_y = I_z = \frac{\pi d^4}{64}, \quad W_y = W_z = \frac{\pi d^3}{32}$$

对于圆环形截面(图 4-20)用同样的方法得到

$$I_y = I_z = \frac{\pi D^4}{64}(1-\alpha^4), \quad W_y = W_z = \frac{\pi D^3}{32}(1-\alpha^4)$$

式中,D 为圆环的外径;d 为圆环的内径,$\alpha = \dfrac{d}{D}$。

(3) 型钢截面

有关型钢的截面惯性矩 I_z 和抗弯截面系数 W_z 可在有关工程手册中查到。

4. 梁弯曲强度条件应用

为了保证梁能安全可靠地工作,必须使梁具备足够的强度。对等截面梁而言,最大弯曲正应力发生在弯矩最大的截面的上下边缘处,梁弯曲正应力强度条件为

$$\sigma_{max} = \frac{M_{max}}{W_z} \leqslant [\sigma] \tag{4-8}$$

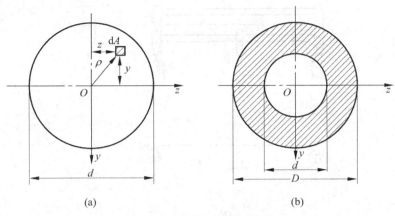

图 4-20 圆形截面与圆环形截面

需要指出的是,对于铸铁之类的脆性材料,许用拉应力$[\sigma_l]$和许用压应力$[\sigma_y]$并不相等,应分别建立相应的强度条件,即

$$\sigma_{l\max} \leqslant [\sigma_l], \quad \sigma_{y\max} \leqslant [\sigma_y] \tag{4-9}$$

同杆件拉压的强度条件一样,梁的正应力强度条件也可解决校核强度、设计截面、确定承载这三类强度问题。

梁的强度主要取决于由弯矩所产生的正应力σ,而由剪力所产生的剪应力τ只是次要因素,因此在工程上一般只进行弯曲正应力的强度计算。

能力训练——梁弯曲强度条件应用示例 1

例 4-6 一吊车梁如图 4-21(a)所示,该梁用 No.32b 工字钢制成,材料的许用应力$[\sigma]=160\text{MPa}$,梁的跨度$l=10\text{m}$。电葫芦自重$G=15\text{kN}$,不计梁的自重,确定此梁的许可起重量F。

解:当电葫芦移动到梁的正中点C时,梁内有最大弯矩值,因而梁最危险。吊车梁可简化为正中点作用一集中力的简支梁,如图 4-21(b)所示。

由例 4-2 可知,当集中力F作用于梁的正中点时,梁内有弯矩最大值:

$$M_{\max} = \frac{Fl}{4}$$

结合本例,梁内的弯矩最大值:

$$M_{\max} = \frac{(G+F)l}{4}$$

由正应力强度条件式(4-8)得:

$$\sigma_{\max} = \frac{M_{\max}}{W_z} = \frac{(G+F)l}{4W_z} \leqslant [\sigma]$$

从中解出许可起重量F:

$$F \leqslant \frac{4W_z[\sigma]}{l} - G$$

查型钢表得 32b 工字钢的$W_z = 726.33\text{cm}^3$,所以

$$F \leqslant \frac{4W_z[\sigma]}{l} - G = \frac{4 \times 726330 \times 160}{10000} - 15000 = 31500(\text{N}) = 31.5(\text{kN})$$

即此梁的许可起重量$F = 31.5\text{kN}$。

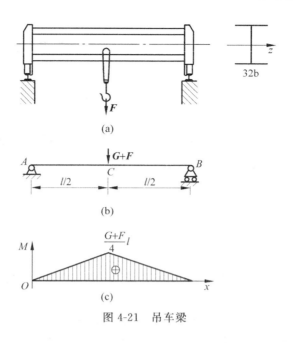

图 4-21 吊车梁

能力训练——梁弯曲强度条件应用示例 2

例 4-7 如图 4-22 所示的压板夹紧装置,已知工件受到的夹紧力 $F=3\mathrm{kN}$,板长为 $3a(a=50\mathrm{mm})$,压板材料的许用应力 $[\sigma]=140\mathrm{MPa}$,校核压板的弯曲正应力强度。

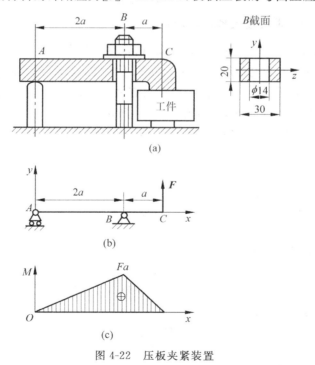

图 4-22 压板夹紧装置

解:压板夹紧装置的受力简图如图 4-22(b)所示。压板 AC 可简化为发生弯曲变形的外伸梁,参看表 4-1 可画出弯矩图如图 4-22(c)所示。由弯矩图可知,截面 B 的弯矩值最大,且其抗弯截面系数又最小,因此截面 B 为危险截面,其弯矩值为

$$M_{\max} = Fa = 3 \times 10^3 \times 50 = 150000(\text{N} \cdot \text{mm})$$

截面 B 的抗弯截面系数为

$$W_z = \frac{I_z}{y_{\max}} = \frac{(30-14) \times 20^3}{12} \times \frac{2}{20} = 1.07 \times 10^3 (\text{mm}^3)$$

校核压板的弯曲正应力强度,即

$$\sigma_{\max} = \frac{M_{\max}}{W_z} = \frac{150000}{1.07 \times 10^3} = 140.2(\text{MPa}) > [\sigma] = 140(\text{MPa})$$

压板工作时的最大弯曲正应力未超过许用应力的 5%,按有关设计规范,压板是安全的。

能力训练——梁弯曲强度条件应用示例 3

例 4-8 简支矩形木梁 AB 如图 4-23 所示,跨度 $l=5\text{m}$,承受均布载荷集度 $q=3.6\text{kN/m}$,木材顺纹许用应力 $[\sigma]=10\text{MPa}$。设梁横截面高度之比为 $h/b=2$,选择梁的截面尺寸。

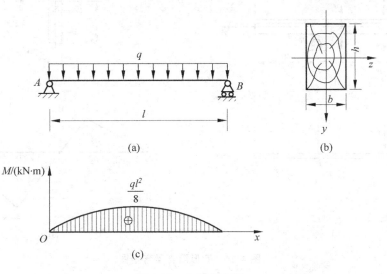

图 4-23 木制简支梁

解: $q = 3.6\text{kN/m} = 3.6\text{N/mm}$

参看例 4-3 画出梁的弯矩图,最大弯矩在梁跨中点截面上,其值为

$$M_{\max} = \frac{ql^2}{8} = \frac{3.6 \times 5000^2}{8} = 11.25 \times 10^6 (\text{N} \cdot \text{mm})$$

由强度条件 $\sigma_{\max} = \frac{M_{\max}}{W_z} \leqslant [\sigma]$,得

$$W_z \geqslant \frac{M_{\max}}{[\sigma]} = \frac{11.25 \times 10^6}{10} = 1.125 \times 10^6 (\text{mm}^3)$$

矩形截面的抗弯截面系数

$$W_z = \frac{bh^2}{6} = \frac{b \times (2b)^2}{6} = \frac{2b^3}{3} \geqslant 1.125 \times 10^6 (\text{mm}^3)$$

得

$$b \geqslant \sqrt[3]{\frac{3 \times 1.125 \times 10^6}{2}} = 119(\text{mm})$$

$$h = 2b = 238 \text{(mm)}$$

最后可选取 240mm×120mm 的矩形截面木梁。

能力训练——梁弯曲强度条件应用示例 4

例 4-9 如图 4-24(a)所示为 T 形截面的铸铁外伸梁。已知许用拉应力 $[\sigma_l]=30\text{MPa}$，许用压应力 $[\sigma_y]=60\text{MPa}$，截面尺寸如图 4-24(b)所示。截面对形心轴 z 的惯性矩 $I_z=763\text{cm}^4$，$y_1=52\text{mm}$。校核梁的弯曲正应力强度。

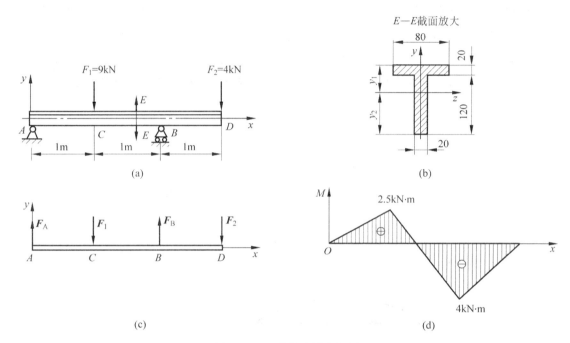

图 4-24 T 形简支梁弯矩图

解：由静力平衡方程求出支座反力：$F_A=2.5\text{kN}$，$F_B=10.5\text{kN}$。

分界点的弯矩：$M_A=0$，$M_D=0$，$M_C=F_A\times(AC)=2.5\text{kN}\cdot\text{m}$；$M_B=F_2\times(BD)=-4\text{kN}\cdot\text{m}$。可画出弯矩图如图 4-24(d)所示。

由于 T 形截面对中性轴 z 不对称，同一截面上的最大拉压力和压应力并不相等，因此必须分别对危险截面 B 和 C 进行强度校核。

由梁的弯曲方向可知，C 截面上的最大拉应力发生在截面下边缘各点，最大压应力发生在 C 截面的上边缘各点分别为

$$\sigma_{lC}=\frac{M_C y_2}{I_z}=\frac{2.5\times10^6\times(120+20-52)}{763\times10^4}=28.8\text{(MPa)}$$

$$\sigma_{yC}=\frac{M_C y_1}{I_z}=\frac{2.5\times10^6\times52}{763\times10^4}=17\text{(MPa)}$$

B 截面上的最大拉应力发生在截面上边缘各点，最大压应力发生在截面的下边缘各点，分别为

$$\sigma_{lB}=\frac{M_B y_2}{I_z}=\frac{4\times10^6\times52}{763\times10^4}=27.3\text{(MPa)}$$

$$\sigma_{yB} = \frac{M_B y_2}{I_z} = \frac{4\times 10^6 \times (120+20-52)}{763\times 10^4} = 46.1(\text{MPa})$$

比较可知,梁内最大拉应力发生在 C 截面的下边缘处,最大压应力发生在截面 B 的下边缘处,且有

$$\sigma_{l\max} = \sigma_{lC} = 28.8\text{MPa} < [\sigma_l] = 30(\text{MPa})$$
$$\sigma_{y\max} = \sigma_{yB} = 46.1\text{MPa} < [\sigma_y] = 60(\text{MPa})$$

梁的强度条件满足。

任务 4.3 梁弯曲刚度条件应用

4.3.1 梁弯曲变形的实例和概念

在工程实际中,某些梁除了满足强度条件之外,还要求满足刚度条件,不能产生过大的变形。例如,两个齿轮在啮合转动时,若因轴的刚度不足而变形过大,会造成齿轮啮合不良,产生噪声和振动,加剧齿轮和轴承的磨损,降低使用寿命,如图 4-25 所示;车削细长工件时,若刚度不足,会因变形过大而加工成鼓形从而报废,如图 4-26 所示;桥式起重机的大梁,若刚度不足,会使吊车出现爬坡现象,移动困难并引起振动。

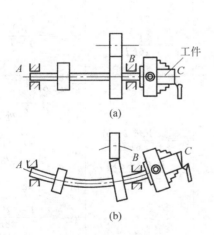

图 4-25 齿轮不良啮合

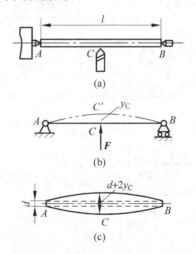

图 4-26 细长工件车削成鼓形

一悬臂梁 AB 受载荷作用后,在弹性范围内,梁轴线由直线弯成一条光滑连续曲线 AB',称为挠曲线,如图 4-27 所示,其曲线方程为:$w=w(x)$。由于梁的轴线位于中性层内,所以其长度既未伸长也未缩短。

梁的横截面形心在垂直于梁轴线方向的位移称为挠度,用 w 表示;梁的横截面相对于变形前的位置转过的角度称为转角,用 θ 表示。挠度和转角正负规定为:在如图 4-27 所示的坐标系中,挠度向上为正,向下为

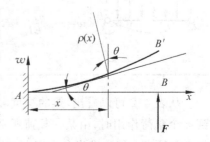

图 4-27 梁弯曲变形两个参数

负；逆时针方向的转角为正，顺时针方向的转角为负。

由于梁横截面变形后仍垂直于梁的轴线，因此任一横截面的转角，也可用截面形心处挠曲线的切线与 x 轴的夹角来表示。由高等数学可知，过挠曲线上任意点的切线与 x 轴夹角的正切就是挠曲线上该点的斜率，即

$$\tan\theta = \frac{\mathrm{d}w}{\mathrm{d}x} = w'$$

在实际工程中，转角 θ 一般都很小，所以 $\tan\theta \approx \theta$，于是

$$\theta = \frac{\mathrm{d}w}{\mathrm{d}x} = w' \tag{4-10}$$

可见，如果能建立梁变形后的挠曲线方程，就能通过微分得到转角方程，那么梁的任意截面上的挠度 w 与转角 θ 均可求得。

4.3.2 用叠加法求梁的变形

表 4-2 给出了梁在简单载荷下的挠曲线方程、端截面转角和最大挠度。

表 4-2 梁的变形表（摘录）

梁的简图	挠曲线方程	端截面转角	最大挠度
(简支梁中点集中力 F)	$w = -\dfrac{Fx}{48EI_z} \cdot (3l^2 - 4x^2)$ $0 \leqslant x \leqslant \dfrac{l}{2}$	$\theta_A = -\theta_B$ $= -\dfrac{Fl^2}{16EI_z}$	$w_{\max} = -\dfrac{Fl^3}{48EI_z}$
(简支梁任意位置集中力 F)	$w = -\dfrac{Fbx}{6EI_z l} \cdot (l^2 - x^2 - b^2)$ $0 \leqslant x \leqslant a$ $w = -\dfrac{Fb}{6EI_z l}\left[\dfrac{l}{b} \cdot (x-a)^3 + (l^2-b^2)x - x^3\right]$ $a \leqslant x \leqslant l$	$\theta_A = -\dfrac{Fab(l+b)}{6EI_z l}$ $\theta_B = \dfrac{Fab(l+a)}{6EI_z l}$	设 $a > b$， $x = \sqrt{\dfrac{l^2-b^2}{3}}$ 处， $w_{\max} = -\dfrac{Fb\sqrt{(l^2-b^2)^3}}{9\sqrt{3}EI_z l}$ 在 $x = \dfrac{l}{2}$ 处， $w_{L/2} = -\dfrac{Fb(3l^2-4b^2)}{48EI_z}$
(简支梁均布载荷 q)	$w = -\dfrac{qx}{24EI_z} \cdot (l^3 - 2lx^2 + x^3)$	$\theta_A = -\theta_B$ $= -\dfrac{ql^3}{24EI_z}$	$w_{\max} = -\dfrac{5ql^4}{384EI_z}$

从表 4-2 可以看出，梁的挠度和转角均为载荷的一次函数，在此情况下，当梁上同时受到 n 个载荷作用时，由某一载荷所引起的梁的变形不受其他载荷的影响。梁的变形满足线性叠加原理：即先求出各个载荷单独作用下梁的挠度和转角，然后将它们代数相加，得到 n 个载荷同时作用时梁的挠度与转角。

4.3.3 梁弯曲刚度条件应用

梁的刚度条件为

$$w_{\max} \leqslant [w] \atop \theta_{\max} \leqslant [\theta]} \quad (4-11)$$

式中，$[w]$为梁的许用挠度；$[\theta]$为梁的许可转角。它们的具体数值可参照有关手册确定。

能力训练——梁弯曲刚度条件应用示例

例4-10 吊车大梁采用No.28a工字钢，跨度 $l=9.2$m，如图4-28(a)所示。已知电动葫芦重5kN，最大起重量为50kN，许用挠度 $[w]=\dfrac{1}{500}$，校核吊车大梁的刚度。

解：将吊车大梁简化为如图4-28(b)所示的简支梁。把大梁的自重作为均布载荷 q，起重量和电动葫芦自重作为集中力 F。当电动葫芦处于大梁中点时，大梁的变形最大。

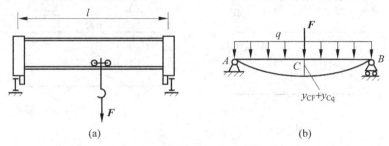

图 4-28 吊车大梁

(1) 用叠加法求变形

查附录E型钢表得：$q=43.4$kg/m$\times 9.8$m/s$^2=425.32$N/m，$I_z=5023.54$cm^4。
又 $E=200$GPa，$F=50+5=55$kN。查表4-2得

$$w_{CF}=\frac{Fl^3}{48EI_z}=\frac{55\times 10^3\times (9.2\times 10^3)^3}{48\times 200\times 10^3\times 5023.54\times 10^4}=88.8(\text{mm})$$

$$w_{Cq}=\frac{5ql^4}{384EI_z}=\frac{5\times 425.32\times 10^{-3}\times (9.2\times 10^3)^4}{384\times 200\times 10^3\times 5023.54\times 10^4}=3.95(\text{mm})$$

$$w_C=w_{CF}+w_{Cq}=88.8+3.95=92.75(\text{mm})$$

(2) 校核刚度

梁的许用挠度为：

$$[w]=\frac{l}{500}=\frac{9.2\times 10^3}{500}=18.4(\text{mm})$$

比较可知，$w_C>[w]$，故不符合刚度要求。

任务4.4 提高梁弯曲强度/刚度的实用措施

从梁的弯曲正应力公式 $\sigma_{\max}=\dfrac{M_{\max}}{W_z}$ 可知，梁的最大弯曲正应力与梁上最大弯矩 $M_{\max}$ 成正比，与抗弯截面系数 W_z 成反比；

从梁的挠度和转角的表达式看出梁的变形与跨度 l 的高次方成正比,与梁的抗弯刚度 EI_z 成反比。

依据上述关系,可采用以下措施来提高梁的强度/刚度。

1. 合理安排支座

在梁的长度和截面形状已确定的情况下,合理安排梁的支座,可缩小梁的跨度,进而降低最大弯矩,从而提高梁的强度和刚度。以如图 4-29(a)所示均布载荷作用下的简支梁为例,若将两端支座各向内侧移动 $0.2l$,如图 4-29(b)所示,则梁上最大弯矩只有原来的 $\frac{1}{5}$,同时梁上最大挠度和最大转角也减小了。

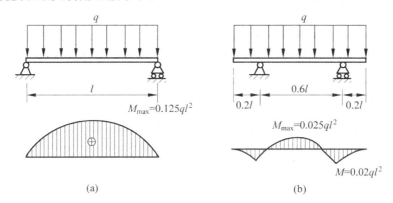

图 4-29 合理安排支座

工程上常见的锅炉(如图 4-30 所示)和龙门吊车大梁(如图 4-31 所示)的支座不在两端,而向中间移动一段距离,就是很好的例证。

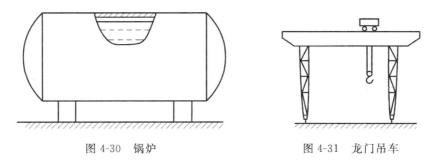

图 4-30 锅炉　　　　图 4-31 龙门吊车

2. 合理布置载荷

当梁上载荷总量一定时,合理布置载荷,可减小梁上最大弯矩,从而提高梁的强度和刚度。以简支梁承受集中力 F 为例,如图 4-32(a)所示,合理布置集中力 F 的形式和位置,可显著减小梁的最大弯矩。传动轴上齿轮靠近轴承安装,如图 4-32(b)所示;运输大型设备的多轮子板车,如图 4-32(c)所示;吊车增加副梁,如图 4-32(d)所示,都是简支梁上合理布置载荷,提高抗弯能力的实例。

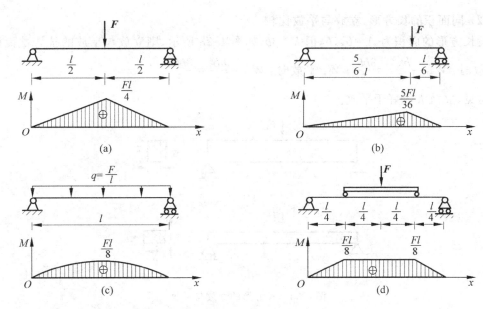

图 4-32 合理布置载荷

3. 合理选择截面

梁的合理截面应是用较小截面面积 A 获得较大抗弯截面系数 W,即比值 W/A 越大越好。根据梁横截面正应力的分布情况(上下大、中间小),应尽可能将材料布置得远离中性轴。因此工程上许多受弯曲构件都采用工字形、箱形、槽形、空心圆等截面形状。

(1) 圆形、长方形、正方形、工字形四种截面形状比较

由表 4-3 可见,实心圆形最不合理,矩形较好,工字形最为合理。

表 4-3 常见截面形状比较

截面形状	面积 A/cm²	抗弯截面模量 W_z/cm³	W_z/A	截面形状	面积 A/cm²	抗弯截面模量 W_z/cm³	W_z/A
(a)	67.05	77.4	1.15	(c)	67.05	129.4	1.93
(b)	67.05	91.6	1.37	(d) No.32 A	67.05	692.2	10.32

（2）同面积的长方形，立放与平放比较

设长方形的面积为 $A=b\times h$，但 $h=3b$，如图 4-33 所示，则立放与平放的抗弯截面模量 W_z 立放时：$W_{z1}=\dfrac{bh^2}{6}=\dfrac{9bb^2}{6}$；$W_z$ 平放时：$W_{z2}=\dfrac{hb^2}{6}=\dfrac{3bb^2}{6}$。

可见，立放大大好于平放。

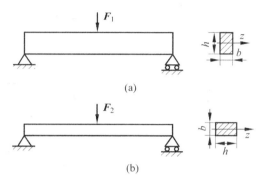

图 4-33 长方形的立放与平放

（3）塑性材料与脆性材料截面形状比较

塑性材料由于抗拉压强度相同，所以合理的截面形状应是关于中性轴上下对称，例如圆形、矩形、工字形等形状。

脆性材料由于抗拉强度远不如抗压强度，所以合理的截面形状应是关于中性轴上下不对称，例如 T 形、Π 形（即槽钢）等形状，如图 4-34 所示。

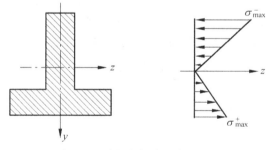

图 4-34 脆性材料合理截面形状

除上述措施外，还可采用增加约束（即采用超静定梁）以及等强度梁等措施来提高梁的强度和刚度。需要指出的是，由于优质钢与普通钢的 E 值相差不大，但价格差很大，用优质钢代替普通钢达不到提高梁刚度的目的，反而增加了成本。

任务 4.5 杆梁类构件拉伸/压缩与弯曲组合变形的强度条件应用

前面分别研讨了杆梁类构件的拉/压、剪切挤压、弯曲等基本变形，但在机械和结构中的多数杆梁类构件受力情况比较复杂，它们的变形常常是由两种或两种以上基本变形组合而成的，即复杂变形（组合变形）。

分析解决杆梁类构件组合变形的强度和刚度问题，可应用叠加原理，即在小变形且材料服从虎克定律的条件下，组合变形中每一种基本变形所产生的应力和变形互不影响，可分别计算再进行叠加，最后得到组合变形的应力和变形。

杆梁类构件发生拉伸/压缩与弯曲的组合变形在工程中是常见的。如图 4-35(a) 所示悬臂式起重机的横梁 AB，在 F_{Ax}、F_{Bx} 作用下发生压缩，在横向力 F、F_{Ay}、F_{By} 作用下发生弯曲，即起重机的横梁 AB 发生了压弯组合变形，如图 4-35(b) 所示。

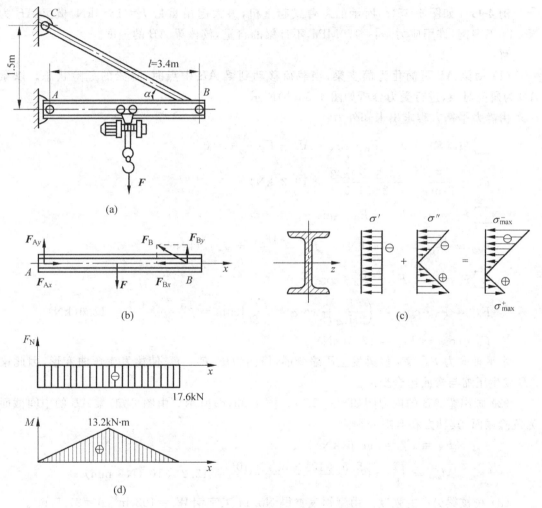

图 4-35 起重机横梁的压弯组合变形

杆梁类构件发生拉伸/压缩与弯曲组合变形时，其横截面上各点既有均匀分布的拉伸/压缩正应力，又有不均匀分布的弯曲正应力，由于两种应力都是正应力，且方向线相同，因而可直接进行代数和得到总应力：

$$\sigma = \pm \sigma_N \pm \sigma_M = \pm \frac{F_N}{A} \pm \frac{M}{W_z}$$

根据两种应力的分布图可知，横截面的上、下边缘各点为危险点，于是可得杆梁类构件拉伸/压缩与弯曲组合变形的强度条件：

$$\sigma_{\max} = \frac{|F_N|}{A} + \frac{|M_{\max}|}{W_z} \leqslant [\sigma] \tag{4-12}$$

当材料抗拉与抗压性能不同时,应分别计算 σ_{lmax} 和 σ_{ymax},其强度条件为

$$\left.\begin{array}{l}\sigma_{lmax} \leqslant [\sigma_l] \\ \sigma_{ymax} \leqslant [\sigma_y] \end{array}\right\} \tag{4-13}$$

能力训练——拉/压与弯曲组合变形强度条件应用示例 1

例 4-11 如图 4-35(a)所示的悬臂式起重机,最大起吊重量 $F=15.5\text{kN}$,横梁 AB 为 No.14 工字钢,许用应力 $[\sigma]=170\text{MPa}$,不计梁的自重,校核梁 AB 的强度。

解:

(1) 横梁 AB 可简化为简支梁,当载荷移动到梁 AB 中点时,是梁的危险状态。以梁 AB 为研究对象,进行受力分析如图 4-35(b)所示。

由静力平衡方程求出未知外力:

$$\sum M_A(F) = 0, \quad F_B \cdot \sin\alpha \cdot AB - F \cdot \frac{AB}{2} = 0$$

$$F_B = \frac{F}{2\sin\alpha} = \frac{15.5 \times 3.72}{2 \times 1.5} = 19.2(\text{kN})$$

$$\sum F_y = 0, \quad F_{Ay} + F_B \cdot \sin\alpha - F = 0$$

$$F_{Ay} = \frac{15.5}{2} = 7.75(\text{kN}), \quad F_{By} = \frac{15.5}{2} = 7.75(\text{kN})$$

$$\sum F_x = 0, \quad F_{Ax} - F_B \cdot \cos\alpha = 0$$

$$F_{Ax} = F_B \cdot \cos\alpha = \left(\frac{F}{2\sin\alpha}\right) \cdot \cos\alpha = \left(\frac{F}{2}\right)\cot\alpha = \frac{15.5 \times 3.4}{2 \times 1.5} = 17.6(\text{kN})$$

$$F_B \cdot \cos\alpha = F_{Bx} = 17.6(\text{kN})$$

水平轴向力 F_{Ax}、F_{Bx} 使梁发生压缩变形,横向力 F、F_{Ay}、F_{By} 使梁发生弯曲变形,因此梁 AB 发生压缩与弯曲组合变形。

(2) 画出梁 AB 的内力图如图 4-35(c)、图 4-35(d)所示。由图可知,梁 AB 的中间截面为危险截面,其轴力和弯矩分别为

$$F_N = F_{Ax} = 17.6(\text{kN})$$

$$M_{\max} = \frac{Fl}{4} = \frac{15.5 \times 10^3 \times 3.4 \times 10^3}{4} = 13.2 \times 10^6(\text{N} \cdot \text{mm})$$

(3) 校核梁 AB 的强度。由型钢表查得 No.14 工字钢 $W_z=102\text{cm}^3$,$A=21.5\text{cm}^2$。

因钢材抗拉与抗压强度相同,由式(4-12)得:

$$\sigma_{\max} = \frac{|F_N|}{A} + \frac{|M_{\max}|}{W_z} = \frac{17.6 \times 10^3}{21.5 \times 10^2} + \frac{13.2 \times 10^6}{102 \times 10^3}$$

$$= 8.19 + 129.4 = 137.6\text{MPa} < [\sigma] = 170(\text{MPa})$$

故梁 AB 满足强度条件,是安全的。

能力训练——拉/压与弯曲组合变形强度条件应用示例 2

例 4-12 设计图 4-36 所示的夹具立柱的直径 d。已知钻孔力 $F=15\text{kN}$,偏心距 $e=300\text{mm}$,立柱材料为铸铁,许用拉应力 $[\sigma_l]=32\text{MPa}$,许用压应力 $[\sigma_y]=120\text{MPa}$。

解：将力 F 向立柱轴线简化,得拉力 F 和力偶 $M=Fe$,故立柱承受拉弯组合作用。拉力 F 在立柱横截面上产生均匀拉应力,力偶 M 在立柱横截面上产生线性分布的弯曲正应力。由叠加结果可知,立柱横截面最大拉应力大于最大压应力。又因为 $[\sigma_{\text{l}}]<[\sigma_y]$,所以按许用拉应力进行设计。

由拉/压与弯曲组合强度条件直接得:

$$\sigma_{\max}=\frac{4F}{\pi d^2}+\frac{32Fe}{\pi d^3}\leqslant [\sigma]^+$$

虽然只有一个未知数 d,但难以计算,故先按弯曲强度进行设计:

$$\sigma_{\max}=0+\frac{32M}{\pi d^3}\leqslant [\sigma]^+$$

即:

$$0+\frac{32\times 15\times 10^3\times 300}{\pi d^3}\leqslant 32$$

得 $d=113$mm。

放大取值 $d=116$mm,再验算拉/压与弯曲的组合强度:

$$\frac{4\times 15\times 10^3}{\pi\times (116)^2}+\frac{32\times 15\times 10^3\times 300}{\pi\times (116)^3}=30.8\text{MPa}<32\text{MPa}$$

取值 $d=116$mm 是合适的。

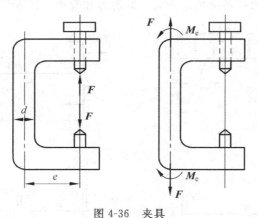

图 4-36 夹具

【示范项目 1 工作步骤(8)】为手柄(杠杆)ABO_1 和杠杆 CDO_2 选择合适的钢材,按照合适的强度条件设计确定横截面尺寸。完成设计说明书(草稿)。结果可参见附录 B【工作步骤 8】。

然后参照上述步骤,同学们可在教师指导下分组完成附录 A 中某一实践项目的工作步骤(8)。

小 结

1. 在本模块学习了以下基本和重要概念及知识。

平面弯曲、弯矩和弯矩图、弯曲正应力和正应力分布图、轴惯性矩和抗弯截面模量、弯曲的挠度与转角、弯曲强度/刚度、组合变形。

2. 理解并熟记口诀"左顺右逆,弯矩为正",掌握弯矩图的规律及简便画法。

3. 灵活应用表 4-1,可以画许多不复杂载荷下的弯矩图。

4. 平面弯曲梁的强度/刚度条件。

任一点弯曲正应力:$\sigma = \dfrac{My}{I_z}$;最大弯曲正应力:$\sigma_{max} = \dfrac{M}{W_z}$(注意与拉伸/压缩的正应力公式区分开来)。

弯曲正应力强度条件:$\sigma_{max} = \dfrac{M_{max}}{W_z} \leqslant [\sigma]$;弯曲刚度条件:$\begin{cases} w_{max} \leqslant [w] \\ \theta_{max} \leqslant [\theta] \end{cases}$。

利用强度/刚度条件可解决三方面问题:校核强度/刚度、设计截面、确定载荷。

5. 拉伸/压缩与弯曲组合变形的强度条件:$\sigma_{max} = \dfrac{|F_N|}{A} + \dfrac{|M_{max}|}{W_z} \leqslant [\sigma]$。

习 题

1. 提高梁的强度和刚度的措施主要有哪些?结合工程实例说明。

2. 求如图 4-37 所示的各梁指定截面上的剪力和弯矩。设 $q=5\text{kN/m}, a=1\text{m}$。

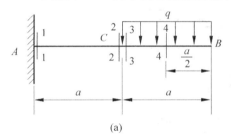

(a)

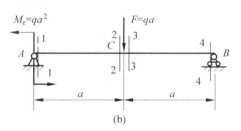

(b)

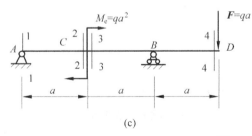

(c)

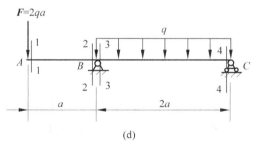

(d)

图 4-37 习题 2 的图

3. 设 $F=10\text{kN}, M=20\text{kN·m}, q=5\text{kN/m}, a=1\text{m}, b=2\text{m}, l=3\text{m}$,画出如图 4-38 所示梁的弯矩图。

4. 画出如图 4-39 所示各梁的弯矩图($F=10\text{kN}, q=5\text{kN/m}, a=1\text{m}$)。

5. 如图 4-40 所示的矩形截面简支梁,已知 $F=16\text{kN}$。求:

(1) 如图 4-40(a)、图 4-40(b)所示 1—1 截面上 D、E、F、H 各点的正应力的大小和正负号,并画出该截面的正应力分布图。

(2) 梁的最大正应力。

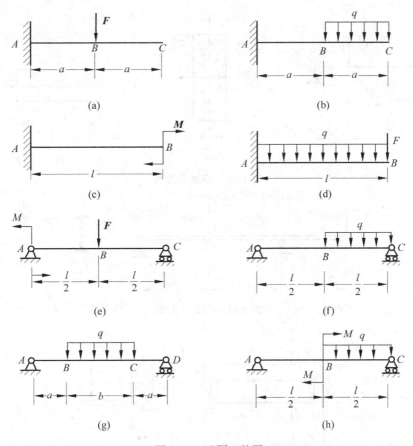

图 4-38 习题 3 的图

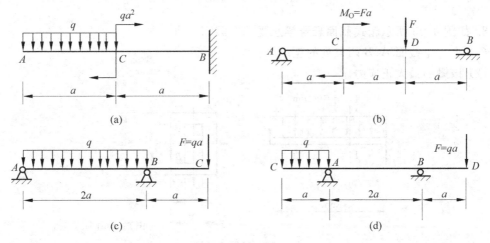

图 4-39 习题 4 的图

(3) 若将梁的截面转 90°,如图 4-40(c)所示,则截面上的最正应力是原来的几倍?

6. 计算如图 4-41 所示工字钢梁内的最大正应力。

7. 悬臂梁如图 4-42 所示,在 $P_1=800N, P_2=1650N$ 作用下,若截面为矩形:$b=90mm, h=180mm$,求最大正应力及其作用点位置。

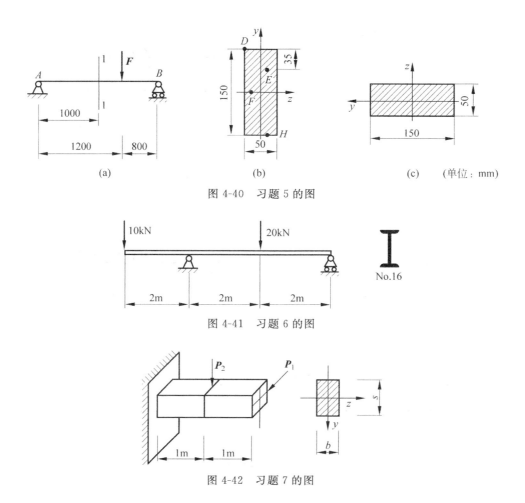

图 4-40 习题 5 的图

图 4-41 习题 6 的图

图 4-42 习题 7 的图

8. 如图 4-43 所示箱式截面悬臂梁承受均布载荷。求：

(1) Ⅰ—Ⅰ截面 A、B 两点处的正应力。

(2) 该梁的最大正应力。

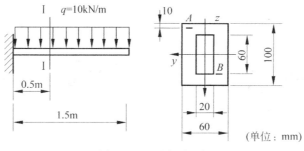

图 4-43 习题 8 的图

9. 如图 4-44 所示为一空心圆管外伸梁。已知梁的最大正应力 $\sigma_{max}=150\mathrm{MPa}$，外径 $D=60\mathrm{mm}$，求空心圆管的内径 d。

10. 由 No.20b 工字钢制成的外伸梁，在外伸端 C 处作用集中力 F，已知 $[\sigma]=160\mathrm{MPa}$，尺寸如图 4-45 所示，求最大许用载荷 $[F]$。

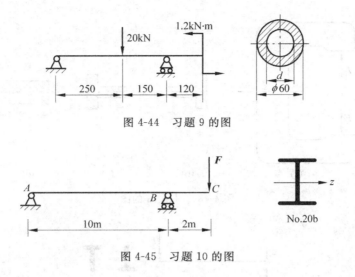

图 4-44 习题 9 的图

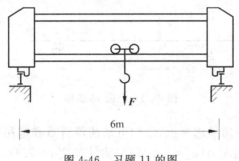

图 4-45 习题 10 的图

11. 工厂厂房中的桥式起重设备如图 4-46 所示。梁为 No.28b 工字钢制成,电动葫芦和起重量总重 $F=30\text{kN}$,材料的 $[\sigma]=140\text{MPa}$,$[\tau]=100\text{MPa}$。校核梁的强度。

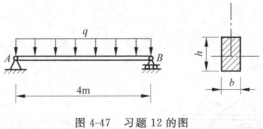

图 4-46 习题 11 的图

12. 如图 4-47 所示矩形截面木梁,木材许用应力 $[\sigma]=10\text{MPa}$,已知 $b=12\text{cm}$,若采用截面高宽比为 $h/b=5/3$,求木梁能承受的最大荷载。

图 4-47 习题 12 的图

13. 压力机机架材料为铸铁,其受力情况如图 4-48 所示。从强度方面考虑,其横截面 $m—m$ 采用哪种截面形状合理?为什么?

14. T 形截面铸铁悬臂梁受力如图 4-49 所示,力 F 作用线沿铅垂方向。从提高强度的角度分析,在图 4-49 中所示的两种放置方式中选择哪一种最合理?为什么?

15. 如图 4-50 所示的简支梁为 No.22a 工字钢。已知 $F=100\text{kN}$,$l=1.2\text{m}$,材料的许用应力 $[\sigma]=160\text{MPa}$。校核梁的强度。

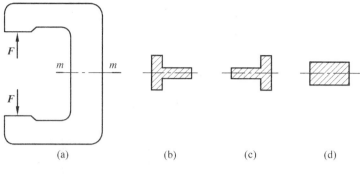

图 4-48 习题 13 的图

图 4-49 习题 14 的图

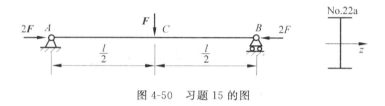

图 4-50 习题 15 的图

16. 如图 4-51 所示一简易起重机,已知电动葫芦自重和起吊的重量总合力 $F=16\text{kN}$,横梁 AB 采用工字钢,许用应力 $[\sigma]=120\text{MPa}$,梁的长度 $l=3.4\text{m}$。选择横梁 AB 的工字钢型号。

17. 如图 4-52 所示矩形截面木梁作用可移动荷载 $F=40\text{kN}$ 作用。已知木梁的 $[\sigma]=10\text{MPa}$,其高宽比 $\dfrac{h}{b}=\dfrac{3}{2}$。选择梁的截面尺寸。

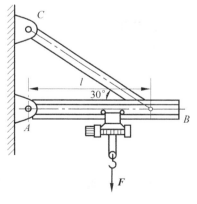

图 4-51 习题 16 的图

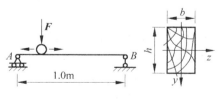

图 4-52 习题 17 的图

【引言】

经过前面4个模块的学习和训练,完成了"示范项目1",另外也完成了附录A中的若干"实践项目",基本掌握和具备了"杆梁类构件静力平衡分析计算"及"杆梁类构件承载力分析计算"的知识和能力。

下面以示范项目2为主线来展开模块5的学习和训练,以及完成附录C中的若干"实践项目",从而掌握和具备"轮轴类构件静力平衡分析计算"及"轮轴类构件承载力分析计算"的知识和能力。

示范项目2

"手摇绞车机构的设计与制作项目"任务书

1. 项目目的

通过师生共同完成"手摇绞车机构的设计与制作项目",进而完成本书模块5的学习任务。

2. 机构原理

如手摇绞车机构示意图所示,两人施力 F 共同转动手柄 E 和 H,从而转动主动轴 $EABH$,并通过一对齿轮 K 和 J,将转动力矩传递给从动轴 CD,并由鼓轮 M 卷起绳索从而匀速提升起重物 G。

3. 项目目标

(1) 实现使用功能

每人施加给手柄的作用力 $F=200\text{N}$,要求所设计制作的机构可产生 k 倍的提升力,即 $G/F=k$,k 称为静力放大系数。

为了有利于培养同学们的独立思考和创新能力,建议把一个班分为若干小组,每组4~6人为宜,分别取 $k=5,8,10,12,15,18,20,23,25,30$ 等。

(2) 满足安全性和经济性

机构中各构件既具备足够的承载力,以保证机构能够安全可靠地使用,同时又满足经济性原则。

4. 工作任务

(1) 写出一份正式设计说明书。

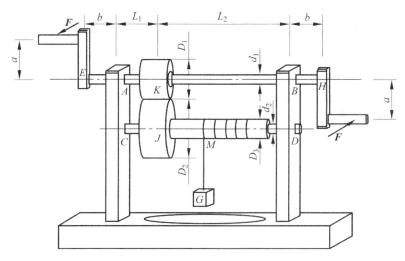

手摇绞车机构示意图

(2) 画出一张正式4号图纸。

(3) 制作出一台机构模型,并检验能否达到预定的目标。

5. 工作步骤

(1) 观察机构示意图并整个机构拆开,对各构件间的连接(接触)进行观察分析,说明整个机构的构件组成,并说明各处连接(接触)可归纳简化为何种常见约束类型。开始书写设计说明书(草稿)。

(2) 对各构件进行受力分析并画出受力图(按照轮轴类构件平面解法)。续写设计说明书(草稿)。

(3) 应用力系平衡总则,各组按照不同的静力放大系数 k 初步设计确定各构件有关参数。续写设计说明书(草稿),并用4号图纸画出机构简图(草图)。

(4) 分析说明各构件的变形形式及应具备何种承载能力。续写设计说明书(草稿)。

(5) 为主动轴 $EABH$ 选择合适的钢材,按照合适的强度条件设计确定轴的直径。续写设计说明书(草稿)。

(6) 为从动轴 CD 选择合适的钢材,按照合适的强度条件设计确定轴的直径。完成设计说明书(草稿)。

(7) 全面检查修改设计说明书(草稿),之后重新写成正式的设计说明书。

(8) 全面检查修改机构简图(草图),之后重新画成正式的4号图纸。

(9) 用合适的材料按照本人设计的技术参数制作出一台手摇绞车机构模型,并检验是否达到预定的目标。

6. 学习要求

每位同学都要严肃认真进行本项目的各个步骤及本课程学习,个人积极思考及行动、同学间互动及师生间互动相结合,既动脑也动手,周密细致、一丝不苟地计算、画图和制作,按照进度要求高质量地完成每一个步骤,直至整个项目及课程完成。

模块 5

轮轴类构件承载力的分析与计算

【引言】

经过前面 4 个模块的学习和训练,建立了良好的基础。接下来完成模块 5 的学习和训练,完成"示范项目 2"中"5.工作步骤"。

模块 5 的内容主要有两大部分:一是对发生扭转变形的构件进行强度/刚度方面的设计计算;二是对发生扭转与弯曲组合变形的构件进行强度方面的设计计算。

【知识学习目标】

(1) 理解轮轴类构件三视受力图的绘制原理及方法(懂得轮轴类构件的空间力系转化为三个平面力系的原理及方法)。

(2) 了解圆轴扭转的受力特点和变形特点。

(3) 理解扭矩及扭矩图、扭转剪应力及剪应力分布图。

(4) 能够区分连接件剪应力公式与圆轴扭转剪应力公式各自含义及用途。

(5) 了解圆轴扭转剪应力公式推证的思路及方法。

(6) 理解圆轴扭转剪应力计算公式及强度条件。

(7) 理解圆轴扭转变形及刚度条件。

(8) 理解极惯性矩及抗扭截面系数。

(9) 会从扭转强度、刚度分析比较实心轴和空心轴。

(10) 了解扭转试验机的性能、功能及操作方法,了解试件扭转机械性能的分析和测定方法。

(11) 理解弯扭组合变形的分析方法、步骤及强度条件。

【能力训练目标】

(1) 掌握轮轴类构件上的平面解法。

(2) 会用截面法分析计算扭矩,会看会画扭矩图。

(3) 能应用圆轴扭转强度/刚度条件解决工程中三方面(校核强度/刚度、设计截面、确定载荷)的实际问题。

(4) 能够在指导下开动扭转试验机,做扭转机械性能的分析和测定。

(5) 能应用圆轴弯扭组合强度条件(第三、第四强度理论的强度条件)解决工程中三方面(校核强度、设计截面、确定载荷)的实际问题。

任务 5.1 轮轴类构件的平面解法

轮轴是机械中重要的构件,其受载往往是空间力系,如图 5-1(a)所示。为了便于分析计算,常常把这类空间力系转化为平面力系求解。其方法是:利用机械制图中的三视图原理,将一个空间力系分别投影到侧面(侧视图)、铅垂面(主视图)和水平面(俯视图),即得到三个平面力系。如果原空间力系是平衡的,则其各视图的平面力系也是平衡的。分别求解各平面平衡力系即可。其求解步骤大致如下。

(1) 建立空间坐标系,作出各轴承的约束反力(轴承反力视主动力而定,沿坐标轴方向)。
(2) 作侧视图,求未知主动力(或力偶)。
(3) 作主视图,求轴承铅垂方向反力。
(4) 作俯视图,求轴承水平方向反力。

能力训练——轮轴类构件平面解法示例 1

例 5-1 如图 5-1(a)所示的转轴 AB 处于平衡状态,其上两齿轮 C、D 的分度圆半径分别为 $R_C = 0.1 \text{m}$,$R_D = 0.05 \text{m}$。圆周力 $F_{t1} = 3.58 \text{kN}$,径向力 $F_{r1} = 1.3 \text{kN}$,$F_{r2} = 2.6 \text{kN}$。$AC = CD = DB = 0.1 \text{m}$。求齿轮 D 的圆周力及两轴承的反力。

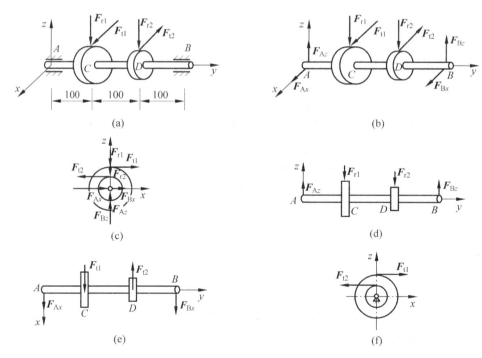

图 5-1 直齿轮轴平面解法
(a)轮轴;(b)受力图;(c)侧视图;(d)主视图;(e)俯视图;(f)简化侧视图

解:

(1) 以 A 为原点建空间坐标系。本例中的主动力分别沿 x、z 轴方向,轴承的反力也沿 x、z 轴方向,受力图如图 5-1(b)所示。

(2) 因主动力 F_{t2} 未知,故需作侧视图,如图 5-1(c)所示,得到平面一般力系。由于未知量较多,只能对轴心 A 点列力矩方程并求解出部分未知力。

$$\sum M_A(F) = 0, \quad -F_{t1} \cdot R_C + F_{t2} \cdot R_D = 0$$
$$-3.58 \times 0.1 + F_{t2} \times 0.05 = 0, \quad F_{t2} = 7.16$$
$$F_{t2} = 7.16(kN)$$

可见,只有圆周力(和力偶)参与了计算,故侧视图也可简化为图 5-1(f)。

(3) 作主视图,得到一平面平行力系,见图 5-1(d),列方程并求解。

$$\sum M_A(F) = 0, \quad -F_{r1} \times 0.1 - F_{r2} \times 0.2 + F_{Bz} \times 0.3 = 0$$
$$-1.3 \times 0.1 - 2.6 \times 0.2 + F_{Bz} \times 0.3 = 0$$
$$F_{Bz} = 2.17 kN$$

$$\sum F_z = 0, \quad F_{Az} - F_{r1} - F_{r2} + F_{Bz} = 0$$
$$F_{Az} - 1.3 - 2.6 + 2.17 = 0$$
$$F_{Az} = 1.73(kN)$$

(4) 作俯视图,也得到一平面平行力系,如图 5-1(e)所示,列方程并求解。

$$\sum M_A(F) = 0, \quad -F_{t1} \times 0.1 + F_{t2} \times 0.2 - F_{Bx} \times 0.3 = 0$$
$$-3.58 \times 0.1 + 7.16 \times 0.2 - F_{Bx} \times 0.3 = 0$$
$$F_{Bx} = 3.58(kN)$$

$$\sum F_x = 0, \quad F_{Ax} + F_{t1} - F_{t2} + F_{Bx} = 0$$
$$F_{Ax} + 3.58 - 7.16 + 3.58 = 0$$
$$F_{Ax} = 0$$

能力训练——轮轴类构件平面解法示例 2

例 5-2 如图 5-2(a)所示的转轴处于平衡状态,齿轮 C 的分度圆半径 $R=40$ mm,其上的圆周力 $F_t=3$ kN,径向力 $F_r=1.1$ kN,轴向力 $F_a=0.5$ kN。D 点的力 $F_Q=1.8$ kN,$AC=CB=70$ mm,$BD=90$ mm。求轴上的转矩 T 及两轴承的反力。

解:

(1) 以 A 为原点建空间坐标系,如图 5-2(a)所示,作轴承的反力。

(2) 作侧视图,如图 5-2(b)所示,求 T。

$$\sum M_A(F) = 0, \quad T - F_t \cdot R = 0$$
$$T - 3 \times 40 = 0$$
$$T = 120(N \cdot m)$$

(3) 作主视图,如图 5-2(c)所示,列方程并求解。

$$\sum M_A(F) = 0, \quad F_a \cdot R - F_r \cdot AC + F_{By} \cdot AB + F_Q \cdot AD = 0$$
$$0.5 \times 40 - 1.1 \times 70 + F_{By} \times 140 + 1.8 \times 230 = 0$$
$$F_{By} = -2.55(kN)$$

$$\sum F_y = 0, \quad F_{Ay} - F_r + F_{By} + F_Q = 0$$

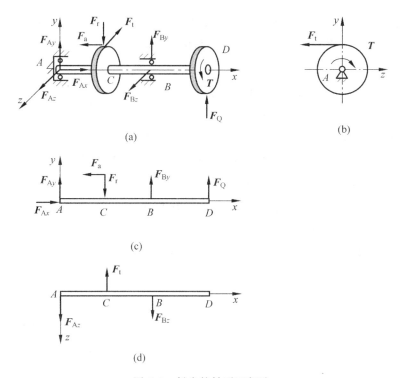

图 5-2 斜齿轮轴平面解法

(a) 受力图;(b) 侧视图;(c) 主视图;(d) 俯视图

$$F_{Ay} - 1.1 - 2.55 + 1.8 = 0$$
$$F_{Ay} = 1.85 (\text{kN})$$
$$\sum \boldsymbol{F}_x = 0, \quad F_{Ax} - F_a = 0$$
$$F_{Ax} - 0.5 = 0$$
$$F_{Ax} = 0.5 (\text{kN})$$

(4) 作俯视图,如图 5-2(d)所示,可免画两个轴向力,列方程并求解。

$$\sum \boldsymbol{M}_A(\boldsymbol{F}) = 0, \quad -F_{Bz} \times 140 + F_t \times 70 = 0$$
$$-F_{Bz} \times 140 + 3 \times 70 = 0$$
$$F_{Bz} = 1.5 (\text{kN})$$
$$\sum \boldsymbol{F}_z = 0, \quad F_{Az} - F_t + F_{Bz} = 0$$
$$F_{Az} - 3 + 1.5 = 0$$
$$F_{Az} = 1.5 (\text{kN})$$

【示范项目 2 工作步骤(1)】观察机构示意图并将整个机构拆开,对各构件间的连接(接触)进行观察分析,说明整个机构的构件组成,并说明各处连接(接触)可归纳简化为何种常见约束类型。开始书写设计说明书(草稿)。结果可参考附录 D【工作步骤 1】。

然后参照上述步骤,同学们可在教师指导下分组完成附录 C 中某一实践项目的工作步骤(1)。

【示范项目 2 工作步骤(2)】对机构中各构件进行受力分析并画出受力图(按照轮轴类构件平面解法)。续写设计说明书(草稿)。结果可参考附录 D【工作步骤 2】。

然后参照上述步骤,同学们可在教师指导下分组完成附录 C 中某一实践项目的工作步骤(2)。

【示范项目 2 工作步骤(3)】应用力系平衡总则,各组按照不同的静力放大系数 k 初步设计确定各构件有关参数。续写设计说明书(草稿),并用 4 号图纸画出机构简图(草图)。结果可参考附录 D【工作步骤 3】。

然后参照上述步骤,同学们可在教师指导下分组完成附录 C 中某一实践项目的工作步骤(3)。

【示范项目 2 工作步骤(4)】分析说明各构件的变形形式及应具备何种承载能力。续写设计说明书(草稿)。结果可参考附录 D【工作步骤 4】。

然后参照上述步骤,同学们可在教师指导下分组完成附录 C 中某一实践项目的工作步骤(4)。

任务 5.2　圆轴扭转的强度和刚度条件应用

5.2.1　圆轴扭转的实例和概念

机械中许多构件发生扭转变形。例如,当钳工攻螺纹孔时,两手所加的外力偶作用在丝锥的上端,工件的反力偶作用在丝锥的下端,使丝锥杆发生扭转变形,如图 5-3 所示。如图 5-4 所示的方向盘的操纵杆也发生扭转变形。搅拌机轴、汽车传动轴等也都是受扭构件。

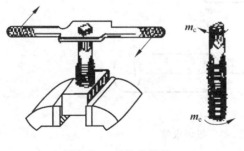

图 5-3　丝锥攻螺纹

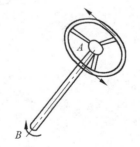

图 5-4　方向盘操纵杆

从实例中可以归纳出构件扭转的受力特点是:构件承受作用面与自身轴线垂直的力偶作用;其变形特点是:构件各横截面绕自身轴线发生相对转动,而自身轴线始终保持直线。这种变形称为扭转变形。

还有许多轴类,如电动机主轴、水轮机主轴、机床主轴等,除扭转变形外还有弯曲变形,属于组合变形。机械中把以扭转变形为主的构件称为轴,本书只研究圆形截面轴。

5.2.2 外力偶矩的计算

机械中通常给出传动轴的转速 n 及其所传递的功率 P，作用于轴上的外力偶矩可应用式(5-1)计算：

$$M_e = 9550 \times \frac{P}{n} (\text{N} \cdot \text{m}) \tag{5-1}$$

式中，M_e 为外力偶矩，$\text{N} \cdot \text{m}$；P 为轴传递的功率，kW；n 为轴的转速，r/min。输入力偶矩为主动力偶矩，其转向与轴的转向相同；输出力偶矩为阻力偶矩，其转向与轴的转向相反。

5.2.3 扭矩与扭矩图

如图 5-5 所示等截面圆轴两端面上作用有一对平衡外力偶 m_e。现用截面法求圆轴横截面上的内力。将轴从 m—m 横截面处截开，以左端为研究对象，根据平衡条件 $\sum \boldsymbol{m} = 0$，m—m 横截面上必有一个内力偶与端面上的外力偶 m_e 平衡。该内力偶称为扭矩，用 $\boldsymbol{T}$ 表示，单位为 $\text{N} \cdot \text{m}$。若取右段为研究对象，所求扭矩与以左段为研究对象所求扭矩大小相等、转向相反。

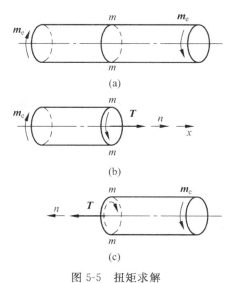

图 5-5 扭矩求解

为使不论取左段还是右段所求扭矩的大小、符号都一致，对扭矩的正负号规定如下：按右手螺旋法则，四指顺着扭矩的转向握住轴线，大拇指的指向与横截面的外法线 n 方向一致为正；反之为负，如图 5-6 所示。当横截面上扭矩的实际转向未知时，一般先假设扭矩为正。若求得结果为正则表示扭矩实际转向与假设相同；若求得结果为负则表示扭矩实际转向与假设相反。

为了清楚而形象地表示各横截面上的扭矩沿轴线的变化规律，以便分析危险截面，以纵坐标 T 轴表示扭矩的大小，以横坐标 x 表示横截面的位置，绘制的图形称为扭矩图。

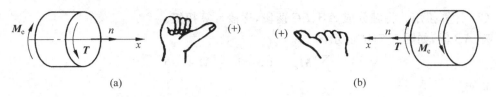

图 5-6 扭矩正负

能力训练——扭矩计算与扭矩图绘制示例

例 5-3 如图 5-7(a)所示,传动主轴 ABC 的转速 $n=960\mathrm{r/min}$,输入功率 $P_A=27.5\mathrm{kW}$,输出功率 $P_B=20\mathrm{kW}$,$P_C=7.5\mathrm{kW}$。画出主轴 ABC 的扭矩图。

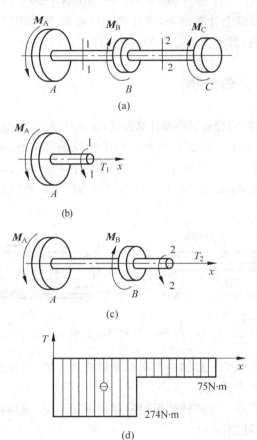

图 5-7 传动主轴扭矩图

解:
(1) 计算外力偶矩。由式(5-1)得

$$M_A = 9550 \times \frac{27.5}{960} = 274(\mathrm{N \cdot m})$$

同理可得

$$M_B = 199(\mathrm{N \cdot m}), \quad M_C = 75(\mathrm{N \cdot m})$$

M_A 为主动力偶矩,其转向与主轴相同;M_B 和 M_C 为阻力偶矩,其转向与主轴相反。

(2) 计算扭矩。将轴分成 AB、BC 两段,逐段计算扭矩。

对 AB 段,如图 5-7(b) 所示,

$$\sum \boldsymbol{M}_x = 0, \quad T_1 + M_A = 0$$

可得

$$T_1 = -M_A = -274(\text{N} \cdot \text{m})$$

对 BC 段,如图 5-11(c) 所示,

$$\sum \boldsymbol{M}_x = 0, \quad T_2 + M_A - M_B = 0$$

可得

$$T_2 = -M_A + M_B = -75(\text{N} \cdot \text{m})$$

(3) 画扭矩图。根据以上计算结果,按比例画出扭矩图,如图 5-7(d) 所示。由图可见,最大扭矩发生在 AB 段内,其值为 $T_{\max} = 274\text{N} \cdot \text{m}$。

5.2.4 圆轴扭转的变形分析

为了确定圆轴受扭时应力分布规律及计算公式,首先分析圆轴受扭时的变形,如图 5-8(a) 所示为一圆轴,受扭前在其表面上用圆周线和平行于轴线的纵向线画出方格。扭转试验结果显示,各圆周线的形状、大小、间距保持不变,仅绕轴线作相对转动;纵向线倾斜了一个相同的角度 γ,仍保持直线。原来的矩形变形平行四边形,端面的半径转过了角度 φ,如图 5-8(b) 所示。

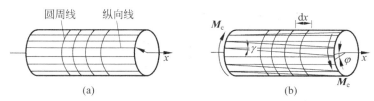

图 5-8 圆轴扭转变形

分析上述变形现象可认为:圆轴的横截面变形前为平面,变形后仍为平面,其大小和形状不变。据此可得如下两个推论。

(1) 横截面上无正应力。因扭转变形时横截面间距不变,说明圆轴纵向无变形,线应变 $\varepsilon = 0$,由虎克定律 $\sigma = \varepsilon E$ 可知,$\sigma = 0$。

(2) 横截面上有剪应力,且方向与半径垂直。因扭转变形时,横截面间发生相对转动(错动),产生剪切变形,纵向线倾斜了同一角度 γ(即剪应变)。由剪切虎克定律 $\tau = G\gamma$ 可知,横截面上有剪应力,其方向与半径垂直。

5.2.5 圆轴扭转剪应力分布及计算

确定圆轴受扭时剪应力分布规律及计算公式,需要从几何、物理、静力平衡三方面进行综合分析推导,由于过程复杂,本书只将有关结果介绍如下。

1. 剪应力分布图

实心圆轴与空心圆轴横截面剪应力分布如图 5-9 所示。剪应力的大小沿半径方向呈线性变化，即任一点剪应力 τ_ρ 与该点到圆心的距离 ρ 成正比，且方向垂直于半径，圆心处为零，同一圆周上各点剪应力相等，边缘上各点剪应力最大。

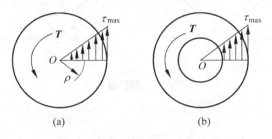

图 5-9　扭转剪应力分布图

2. 剪应力计算公式

横截面上任意一点的剪应力计算公式为

$$\tau_\rho = \frac{T}{I_p}\rho \tag{5-2}$$

式中，T 为横截面上的扭矩，$N \cdot m$；ρ 为点到圆心的距离，m；I_p 为横截面对圆心 O 的极惯性矩，也称为截面的二次极矩，m^4，它只与横截面的几何形状和尺寸有关。

当 $\rho = R$ 时，剪应力最大，即圆轴横截面上边缘点的剪应力最大。其值为

$$\tau_{max} = \frac{TR}{I_p}$$

令 $W_p = \dfrac{I_p}{R}$，则上式变为

$$\tau_{max} = \frac{T}{W_p} \tag{5-3}$$

式中，W_p 为抗扭截面系数，m^3。

5.2.6　横截面的极惯性矩及抗扭截面系数

实心圆截面如图 5-10(a) 所示，其 I_p 和 W_p 为

$$I_p = \int \rho^2 dA = \frac{\pi D^4}{32}, \quad W_p = \frac{I_p}{d/2} = \frac{\pi D^3}{16}$$

同理可求得如图 5-10(b) 所示的空心圆截面的 I_p 和 W_p 为

$$I_p = \frac{\pi D^4 (1-\alpha^4)}{32}, \quad W_p = \frac{\pi D^3 (1-\alpha^4)}{16}$$

式中，D、d 分别为各截面的直径，$\alpha = \dfrac{d}{D}$。

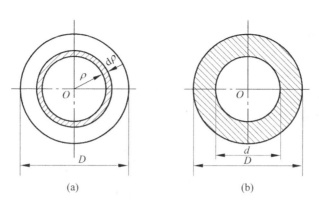

图 5-10 圆形横截面

可近似表示为如下。

实心圆轴：$I_p \approx 0.1d^4$，$W_T \approx 0.2d^3$

空心圆轴：$I_p \approx 0.1D^4(1-\alpha^4)$，$W_T \approx 0.2D^3(1-\alpha^4)$

5.2.7 圆轴扭转强度条件应用

为了保证轴能安全可靠地工作，必须使轴具备足够的强度，即：

$$\tau_{\max} = \frac{T}{W_p} \leqslant [\tau] \tag{5-4}$$

同其他强度条件一样，圆轴扭转剪应力强度条件也可解决校核强度、设计截面、确定承载这三类强度问题。

能力训练——圆轴扭转强度条件应用示例 1

例 5-4 阶梯圆轴 ABC 的直径如图 5-11(a)所示，轴的材料的许用剪应力 $[\tau]=$ 60MPa，力偶矩 $M_1=5$kN·m，$M_2=3.2$kN·m，$M_3=1.8$kN·m。校核该轴的强度。

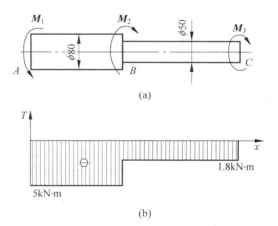

图 5-11 阶梯圆轴扭矩图

解：阶梯圆轴的扭矩图如图 5-11(b)所示。因 AB 段、BC 段的扭矩、直径各不相同，整个轴的最大应力所在横截面即危险截面的位置无法确定，故分别校核。

(1) 校核 AB 段强度

AB 段最大剪应力为

$$\tau_{max} = \frac{T_{AB}}{W_{p,AB}} = \frac{5 \times 10^6}{\pi \times (80)^3/16} = 49.7 \text{MPa} < [\tau]$$

故 AB 段强度足够。

(2) 校核 BC 段强度

BC 段最大剪应力为

$$\tau_{max} = \frac{T_{BC}}{W_{p,BC}} = \frac{1.8 \times 10^6}{\pi \times (50)^3/16} = 73.4 \text{MPa} > [\tau]$$

故 BC 段强度不够。

综上所述，阶梯轴的强度不够。

能力训练——圆轴扭转强度条件应用示例 2

例 5-5 如图 5-12 所示，已知某汽车主传动轴 AB 受外力偶矩 $M_e = 2\text{kN} \cdot \text{m}$，材料为 45 钢，许用剪应力 $[\tau] = 60\text{MPa}$。

(1) 设计实心圆轴直径 D_1。

(2) 若该轴改为 $\alpha = d/D = 0.8$ 的空心圆轴，设计空心圆轴的内、外径 d_2、D_2。

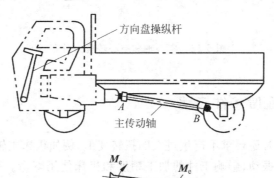

图 5-12 汽车主传动轴

解：

(1) 扭矩 $T = m = 2\text{kN} \cdot \text{m}$，根据式(5-4)得实心圆截面直径

$$D_1 \geqslant \sqrt[3]{\frac{16T}{\pi[\tau]}} = \sqrt[3]{\frac{16 \times 2 \times 10^6}{\pi \times 60}} = 55.4(\text{mm})$$

(2) 若改为 $\alpha = 0.8$ 的空心圆轴，根据式(5-4)设计外径

$$D_2 \geqslant \sqrt[3]{\frac{16T}{\pi(1-\alpha^4)[\tau]}} = \sqrt[3]{\frac{16 \times 2 \times 10^6}{\pi(1-0.8^4) \times 60}} = 66(\text{mm})$$

内径 $d_2 = 0.8 \times D_2 = 0.8 \times 66.0 = 52.8(\text{mm})$

(3) 比较二者面积

空心轴横截面面积为

$$A_2 = \frac{\pi D_2^2}{4}(1-\alpha^2) = \frac{\pi \times 66.0^2}{4}(1-0.8^2) = 1231.6(\text{mm}^2)$$

实心轴横截面面积为

$$A_1 = \frac{\pi D_1^2}{4} = \frac{\pi \times 55.4^2}{4} = 2410.5 (\text{mm}^2)$$

因此截面积比为

$$\frac{A_2}{A_1} = \frac{1231.6}{2410.5} = 0.51$$

由以上计算结果可知,在扭转强度相同的情况下,空心轴重量只是实心轴的51%,大大节省了材料。这是因为横截面上的剪应力沿半径按线性分布,如图5-13所示,圆心附近的应力很小,材料没有充分发挥作用。若把圆心附近的材料向边缘移置,使其成为空心轴,就会增大 I_p 和 W_p,进而提高轴的强度。

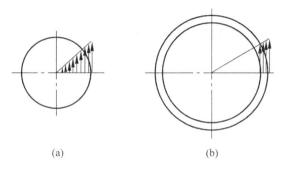

图5-13 实心轴和空心轴应力分布

5.2.8 圆轴扭转刚度条件应用

对于轴类构件,有时还要求不产生过大的扭转变形,例如机床主轴若产生过大的扭转变形,将引起过大的扭转振动,影响工件的加工精度和机床使用寿命。因此,为了保证机械正常工作,对这类重要的轴,不仅需满足强度条件,而且要满足扭转刚度条件,即要求轴在一定长度内扭转角不超过某个值。

1. 圆轴扭转时的变形计算

扭转变形用两个横截面的相对扭转角 φ 来表示(图5-14)。对于长度为 l、扭矩为 T 的一段等截面圆轴,则有

$$\varphi = \frac{Tl}{GI_p} \tag{5-5}$$

对于阶梯状圆轴以及扭矩分段变化的等截面圆轴,须分段计算相对扭转角,然后求代数和。

2. 圆轴扭转刚度条件应用

圆轴扭转变形的程度,常以单位长度扭转角 θ 度量。因此,圆轴扭转刚度条件是:

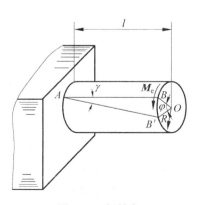

图5-14 扭转角

$$\theta_{\max} = \frac{T}{GI_p} \leqslant [\theta] \tag{5-6}$$

式中,单位长度扭转角 θ 和许用扭转角 $[\theta]$ 的单位为 rad/m。

工程上,许用扭转角 $[\theta]$ 的单位为 (°)/m,考虑单位换算,则得

$$\theta_{\max} = \frac{T}{GI_p} \times \frac{180}{\pi} \leqslant [\theta] \tag{5-7}$$

不同类型的轴的许用扭转角 $[\theta]$ 的值可从有关工程手册中查得。

运用圆轴刚度条件式(5-7),可解决校核刚度、设计截面、确定承载这三类刚度问题。

能力训练——圆轴扭转强度刚度条件应用示例

例 5-6 等截面传动轴如图 5-15 所示。已知该轴转速 $n = 300 \text{r/min}$,主动轮输入功率 $P_C = 30 \text{kW}$,从动轮输出功率 $P_A = 5 \text{kW}$,$P_B = 10 \text{kW}$,$P_D = 15 \text{kW}$,材料的剪切弹性模量 $G = 80 \text{GPa}$,许用剪应力 $[\tau] = 40 \text{MPa}$,许用扭转角 $[\theta] = 1 (°)/\text{m}$。分别按强度条件及刚度条件设计此轴直径。

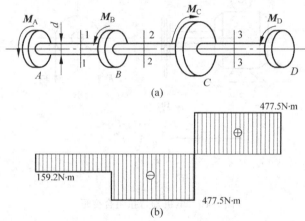

图 5-15 等截面传动轴扭矩图

解:

(1) 计算外力偶矩。由式(5-1)可分别求出

$$M_A = 9550 \frac{P_A}{n} = 9550 \frac{5}{300} = 159.2 (\text{N} \cdot \text{m})$$

$$M_B = 318.3 (\text{N} \cdot \text{m}), \quad M_C = 955 (\text{N} \cdot \text{m}), \quad M_D = 477.5 (\text{N} \cdot \text{m})$$

(2) 画扭矩图。计算各段扭矩得

$$T_{AB} = -159.2 (\text{N} \cdot \text{m}), \quad T_{BC} = -477.5 (\text{N} \cdot \text{m}), \quad T_{CD} = 477.5 (\text{N} \cdot \text{m})$$

扭矩图如图 5-15(b)所示。由扭矩图可知,$T_{\max} = 477.5 \text{N} \cdot \text{m}$,发生在 BC 和 CD 段。

(3) 按强度条件设计轴直径。根据式(5-4)及 $W_p = \frac{\pi d^3}{16}$ 得

$$d \geqslant \sqrt[3]{\frac{16 T_{\max}}{\pi [\tau]}} = \sqrt[3]{\frac{16 \times 477.5 \times 10^3}{\pi \times 40}} = 39.3 (\text{mm})$$

(4) 按刚度条件设计轴直径。根据式(5-7)及 $I_p = \frac{\pi d^4}{32}$ 得

$$d \geqslant \sqrt[4]{\frac{T_{\max} \times 32 \times 180}{G \pi^2 [\theta]}} = \sqrt[4]{\frac{477.5 \times 10^3 \times 32 \times 180}{80 \times 10^3 \times \pi^2 \times 1 \times 10^{-3}}} = 43.2 (\text{mm})$$

综上所述,圆轴须同时满足强度和刚度条件,应取 $d=45\text{mm}$。

任务 5.3　圆轴弯曲与扭转组合变形的强度条件应用

5.3.1　圆轴弯扭组合变形的实例和概念

如前所述,在工程实际中,有许多构件是发生弯曲与扭转的组合变形(可简称弯扭组合变形)。机械中许多轮轴类零件,也大多发生这样的组合变形,如电动机主轴、水轮机主轴、齿轮轴等。

如图 5-16(a)所示的电机轴,其中胶带拉力使轴发生弯曲变形,而转矩(力偶)使轴发生扭转变形。所以电机轴发生弯扭组合变形。

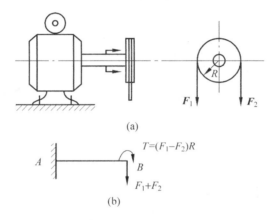

图 5-16　电机轴弯扭组合变形

如同分析解决拉伸/压缩与弯曲组合变形构件的强度问题一样,仍可应用叠加原理分析解决弯扭组合变形构件的强度问题。

5.3.2　圆轴弯扭组合变形的强度条件应用

现以图 5-17(a)所示电机轴为例,分析讨论弯扭组合变形的强度计算方法和步骤。轴的外伸端装一带轮,两边的胶带拉力分别为 F_{T1} 和 $F_{T2}(F_{T1}>F_{T2})$,轮的自重不计。

1. 外力向轴心平移

把带拉力 F_{T1} 和 F_{T2} 分别向轴心 E 平移,得到一个作用在 E 点的合力 $F=F_{T1}+F_{T2}$ 和一个作用在 E 端面的力偶 $M_1=(F_{T1}-F_{T2})\dfrac{D}{2}$,如图 5-17(b)所示。

可见,力 F 引起轴的弯曲,力偶 M_1 引起轴的扭转,即轴 AB 发生弯曲与扭转的组合变形。

2. 画扭矩图和弯矩图

分别画出弯扭组合作用下圆轴的扭矩图和弯矩图,如图 5-17(c)、图 5-17(d)所示。可见,E 截面是危险截面。

3. 应用强度条件

画出危险截面 E 上弯曲正应力和扭转剪应力分布图,如图 5-17(e)所示,该截面上的前、后边缘点 a、b 的弯曲正应力和扭转剪应力同时达到最大值,所以 a、b 两点为危险截面 E 上的危险点。以 a 点为例,取 a 点的原始单元体,如图 5-17(f)所示,有

$$\sigma = \frac{M}{W_z}, \quad \tau = \frac{T}{W_p}$$

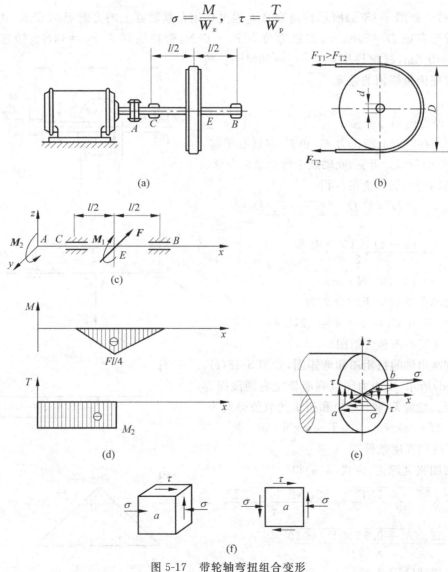

图 5-17 带轮轴弯扭组合变形

一般受弯扭组合作用的轴都用钢材(塑性材料)制成,故可采用第三强度理论或第四强度理论条件作为强度设计的依据。按照第三强度理论或第四强度理论的强度条件:

$$\sigma_{r3} = \frac{\sqrt{M^2+T^2}}{W_z} \leqslant [\sigma] \qquad (5-8)$$

$$\sigma_{r4} = \frac{\sqrt{M^2+0.75T^2}}{W_z} \leqslant [\sigma] \qquad (5-9)$$

当圆轴在两个互相垂直的平面内发生弯曲变形时，式(5-8)和式(5-9)中的 M 由两个互相垂直、同一截面的弯矩合成得到，即 $M^2 = M_y^2 + M_z^2$。

同其他的强度条件一样，上述二式也可解决校核强度、设计截面、确定承载这三类强度问题。

能力训练——圆轴弯扭组合强度条件应用示例 1

例 5-7 如图 5-18(a)所示传动轴 AB，通过作用在联轴器上的力偶矩 M 带动，由带轮 C 输出。带轮直径 $D=500\text{mm}$，带紧边拉力 $F_1=8\text{kN}$，带松边拉力 $F_2=4\text{kN}$。轴直径 $d=90\text{mm}$，$a=0.5\text{m}$，材料许用应力 $[\sigma]=50\text{MPa}$。按第四强度理论校核轴的强度。

解：

(1) 外力向轴心平移

将作用在带轮上的拉力 F_1 和 F_2 向轴心平移，如图 5-18(b)所示。可见，此轴属于弯扭组合变形。

根据轴的力偶平衡条件得

$$M = \frac{F_1 D}{2} - \frac{F_2 D}{2} = \frac{(F_1-F_2)D}{2}$$

$$= \frac{(8-4)\times 10^3 \times 0.5}{2}$$

$$= 1\times 10^3 (\text{N}\cdot\text{m})$$

传动轴受垂直向下的合力为

$$F_1 + F_2 = 8 + 4 = 12(\text{kN})$$

(2) 画扭矩图和弯矩图

分别画出轴的扭矩图和弯矩图，如图 5-18(c)、图 5-18(d)所示，由内力图可判断带轮右侧截面为危险截面。危险截面上弯矩和扭矩的数值分别为

$$M = 3\text{kN}\cdot\text{m}, \quad T = 1\text{kN}\cdot\text{m}$$

(3) 应用强度条件

按第四强度理论，由式(5-9)得

$$\sigma_{r4} = \frac{\sqrt{M^2+0.75T^2}}{W_z} = \frac{32\sqrt{M^2+0.75T^2}}{\pi d^3}$$

$$= \frac{32\sqrt{(3^2+0.75\times 1^2)\times 10^{12}}}{\pi(90)^3}$$

$$= 42.8(\text{MPa}) < [\sigma] = 50(\text{MPa})$$

可知，该轴满足强度要求。

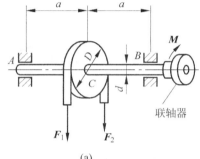

(a)

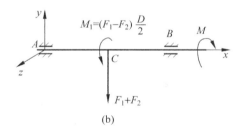

(b)

(c)

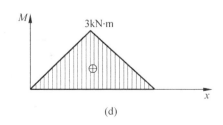

(d)

图 5-18 带轮轴弯扭组合内力图

能力训练——圆轴弯扭组合强度条件应用示例 2

例 5-8 电动机驱动斜齿轮轴转动,轴的直径 $d=25\text{mm}$,轴的许用应力 $[\sigma]=150\text{MPa}$。斜齿轮的分度圆直径 $D=200\text{mm}$。斜齿轮啮合力的三个分力是:圆周力 $F_\tau=1900\text{N}$,径向力 $F_r=740\text{N}$,轴向力 $F_a=660\text{N}$,如图 5-19(a)所示,按第三强度理论校核轴的强度。

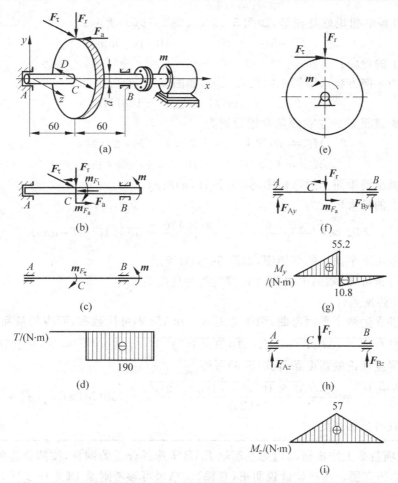

图 5-19 斜齿轮轴弯扭组合内力图

解:

(1) 外力向轴心平移

把作用于齿轮边缘上的圆周力 F_τ 和轴向力 F_a 平移到轴心上,径向力 F_r 滑移到轴线上。去掉齿轮得到 AB 轴的受力简图,如图 5-19(b)所示。平移后得附加力偶矩:

$$m_{F\tau} = \frac{F_\tau D}{2} = 1900 \times 100 = 19 \times 10^4 (\text{N} \cdot \text{mm})$$

$$m_{Fa} = \frac{F_a D}{2} = 660 \times 100 = 66 \times 10^3 (\text{N} \cdot \text{mm})$$

可见,圆轴 AB 在径向力 F_r 和附加力偶矩 M_{Fa} 的作用下发生铅垂面上的弯曲;圆轴 AB 在圆周力 F_τ 的作用下发生水平面上的弯曲;圆轴的 CB 段在附加力偶矩 $m_{F\tau}$ 和电动机驱动力偶的共同作用下发生扭转;AC 段却没有扭转变形。

圆轴的 AC 段在轴向力 F_a 的作用下发生压缩变形，但由于压缩正应力比弯曲正应力小得多，一般不予考虑。

即圆轴的 CB 段发生两个平面弯曲与扭转的组合变形。

(2) 画扭矩图和弯矩图

扭转：

圆轴 CB 段的扭矩处处相等，如图 5-19(c)、图 5-19(d)所示。

$$T = M_{F\tau} = M = 19 \times 10^4 (\text{N} \cdot \text{mm})$$

铅垂面上的弯曲：

先由静力平衡方程求得轴承的约束反力，如图 5-19(f)所示。

$$F_{Ay} = 920(\text{N}), \quad F_{By} = -180(\text{N})$$

所以中央截面 C 的左右两侧弯矩分别为

$$M_{Cy}^- = 60 \times F_{Ay} = 552 \times 10^2 (\text{N} \cdot \text{mm})$$

$$M_{Cy}^+ = 60 \times F_{By} = -10.8 \times 10^3 (\text{N} \cdot \text{mm})$$

由此可画出铅垂面上的弯矩图，如图 5-19(g)所示。

水平面上的最大弯矩为

$$M_{Cz} = \frac{F_\tau(60+60)}{4} = \frac{1900 \times 120}{4} = 57 \times 10^3 (\text{N} \cdot \text{mm})$$

由此可画出水平面上的弯矩图，如图 5-19(i)所示。

由以上分析可知，轴的中央截面 C 偏右处为危险截面。

(3) 应用强度条件

由于圆轴发生两个平面弯曲，两个弯矩 M_{Cy}^+ 和 M_{Cz} 不可代数和，而应矢量和，即

$$M_C^+ = \sqrt{(M_{Cy}^+)^2 + (M_{Cz})^2} = \sqrt{(-10.8 \times 10^3)^2 + (57 \times 10^3)^2} = 58 \times 10^3 (\text{N} \cdot \text{mm})$$

按第三强度理论的强度条件式(5-8)可得

$$\sigma_{r3} = \frac{\sqrt{M^2 + T^2}}{W_z} = \frac{32\sqrt{(58 \times 10^3)^2 + (190 \times 10^3)^2}}{\pi(25)^3} = 130(\text{MPa}) < [\sigma] = 150(\text{MPa})$$

所以此轴有足够强度。

> 【示范项目 2 工作步骤(5)】为主动轴 EABH 选择合适的钢材，按照合适的强度条件设计确定轴的直径。续写设计说明书(草稿)。结果可参考附录 D【工作步骤 5】。
>
> 然后参照上述步骤，同学们可在教师指导下分组完成附录 C 中某一实践项目的工作步骤(5)。
>
> 【示范项目 2 工作步骤(6)】为从动轴 CD 选择合适的钢材，按照合适的强度条件设计确定轴的直径。完成设计说明书(草稿)。结果可参考见附录 D【工作步骤 6】。
>
> 然后参照上述步骤，同学们可在教师指导下分组完成附录 C 中某一实践项目的工作步骤(6)。

小　结

(1) 在本模块学习的基本和重要概念及知识：扭矩和扭矩图、扭转剪应力和剪应力分布图、极惯性矩和抗扭截面系数、扭转强度/刚度、第三/第四强度理论强度条件、合成弯矩。

(2) 轮轴类构件的平面解法是本模块的基础：将空间平衡力系分别投影到侧面、铅垂面和水平面上得到三个平面平衡力系再求解。

(3) 圆轴受到垂直于轴线的力偶系作用时产生扭转变形（如果受到平行于轴线的力偶系作用时则产生弯曲变形）。

任一点扭转剪应力：$\tau_\rho = \dfrac{T}{I_p}\rho$；最大扭转剪应力：$\tau_{max} = \dfrac{T}{W_p}$。

（注意与连接件的剪应力公式区分开来。）

圆轴扭转的强度条件：$\tau_{max} = \dfrac{T}{W_p} \leqslant [\tau]$；

圆轴扭转的刚度条件：$\theta_{max} = \dfrac{T}{GI_p} \times \dfrac{180}{\pi} \leqslant [\theta]$。

利用强度/刚度条件可解决三方面问题：校核强度/刚度、设计截面、确定载荷。

(4) 塑性材料圆轴的弯曲与扭转组合变形强度条件。

第三强度理论：$\sigma_{r3} = \dfrac{\sqrt{M^2+T^2}}{W_z} \leqslant [\sigma]$；第四强度理论：$\sigma_{r4} = \dfrac{\sqrt{M^2+0.75T^2}}{W_z} \leqslant [\sigma]$。

对于发生在两个互相垂直平面内的弯曲，则有合成弯矩：$M^2 = M_y^2 + M_z^2$。

习 题

1. 如图 5-20 所示转轴，$AC = AD = DB = 200\text{mm}$，$C$ 轮直径 $d_1 = 50\text{mm}$，D 轮直径 $d_2 = 100\text{mm}$。带轮 C 上作用着铅垂力 F_1 和 F_2，轴匀速转动时 $F_2 = 2F_1$，已知 D 轮上的力偶 $M = 50\text{N}\cdot\text{m}$，求力 F_1、F_2 的大小及轴承 A、B 的约束反力。

2. 如图 5-21 所示转轴，水平轴上装有两个凸轮，凸轮上分别作用有已知力 $P = 0.8\text{kN}$ 和未知力 F。求轴转动平衡时力 F 的大小和轴承的约束反力。

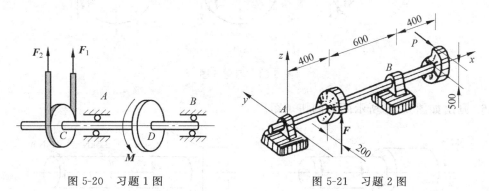

图 5-20 习题 1 图   图 5-21 习题 2 图

3. 如图 5-22 所示转轴，已知齿轮 A 直径 $D_A = 200\text{mm}$，受径向力 $F_{Ar} = 3.64\text{kN}$、切向力 $F_{At} = 10\text{kN}$ 作用。齿轮 C 直径 $D_C = 400\text{mm}$，受径向力 $F_{Cr} = 1.82\text{kN}$、切向力 F_{Ct} 作用。求 F_{Ct} 及轴承的约束反力。

4. 如图 5-23 所示，变速器中间轴上装有两个直齿轮，其分度圆半径 $r_1 = 100\text{mm}$，$r_2 = 72\text{mm}$，啮合点分别在两齿轮的最低和最高点，齿轮压力角 $\alpha = 20°$，在齿轮 Ⅰ 上的圆周力 $F_{t1} = 1.58\text{kN}$。不计轴与齿轮的自重，求当轴匀速转动时作用于 Ⅱ 齿轮上的圆周力 F_{t2} 及轴

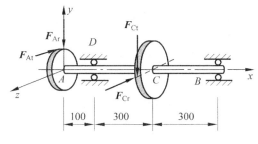

图 5-22 习题 3 图

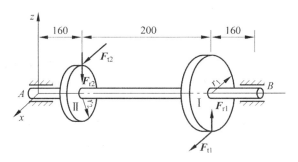

图 5-23 习题 4 图

承 A、B 的约束反力。(提示：$F_r = F_t \cdot \tan\alpha$)

5. 判断如图 5-24 所示剪应力分布图，哪个图正确？哪个图错误？

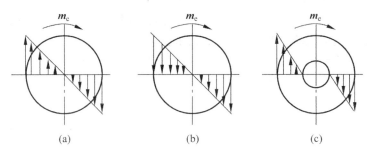

图 5-24 习题 5 图

6. 画出如图 5-25 所示两轴的扭矩图。

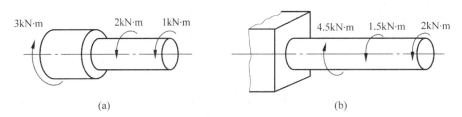

图 5-25 习题 6 图

7. 如图 5-26 所示传动轴，转速 $n = 200$ r/min，轮 A 为主动轮，输入功率 $P_A = 60$ kW，轮 B、C、D 均为从动轮，输出功率 $P_B = 20$ kW，$P_C = 15$ kW，$P_D = 25$ kW。

(1) 画出该轴的扭矩图；

(2) 若将轮 A 和轮 C 位置对调,分析对轴的受力是否有利?

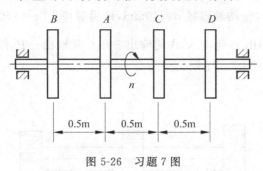

图 5-26 习题 7 图

8. 圆轴受外力偶作用和尺寸如图 5-27 所示。
(1) 求截面 Ⅰ—Ⅰ 上离圆心距离 20mm 处各点的切应力,及图中 a、b 两点切应力的方向;
(2) 求截面 Ⅰ—Ⅰ 的最大剪应力;
(3) 求轴 AB 的最大剪应力。

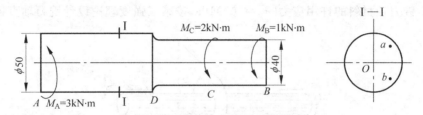

图 5-27 习题 8 图

9. 阶梯轴 ACB 如图 5-28 所示,AC 段的直径 $d_1=40$mm,CB 段的直径 $d_2=70$mm,外力偶矩 $M_B=1500$N·m,$M_A=600$N·m,$M_C=900$N·m,$G=80$GPa,$[\tau]=60$MPa,$[\theta]=2(°)$/m。校核轴的强度和刚度。

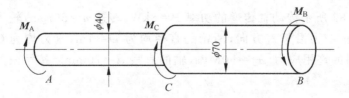

图 5-28 习题 9 图

10. 如图 5-29 所示圆轴 ACB 受到外力偶矩作用,$M_{e1}=800$N·m,$M_{e2}=1200$N·m,$M_{e3}=400$N·m,$l_2=2l_1=600$mm,$G=80$GPa,$[\tau]=50$MPa,$[\theta]=0.25(°)$/m。设计轴的直径。

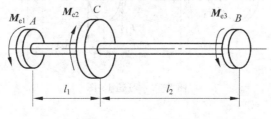

图 5-29 习题 10 图

11. 如图 5-30 所示，传动轴直径 $d=40$mm，许用剪应力 $[\tau]=60$MPa，许用扭转角 $[\theta]=0.5(°)/$m，$G=80$GPa，功率由 B 轮输入，A 轮输出 $\frac{2}{3}P$，C 轮输出 $\frac{1}{3}P$，传动轴转速 $n=500$r/min。计算 B 轮输入的功率 P。

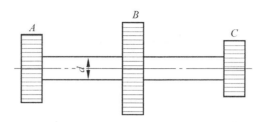

图 5-30 习题 11 图

12. 如图 5-31 所示，已知圆片铣刀的切削力 $F_t=2$kN，$F_r=0.8$kN，圆片铣刀的直径 $D=90$mm，铣刀轴材料的许用应力 $[\sigma]=100$MPa，按第三强度理论设计铣刀轴直径 d。

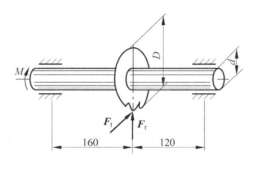

图 5-31 习题 12 图

13. 如图 5-32 所示传动轴传递的功率 $P=8$kW，转速 $n=50$rpm，轮 A 带的拉力沿水平方向，轮 B 带的拉力沿竖直方向，两轮的直径均为 $D=1$m，重力均为 $G=5$kN，带拉力 $F_T=3F_t$，轴材料的许用应力 $[\sigma]=90$MPa，轴的直径 $d=70$mm。按第三强度理论校核轴的强度。

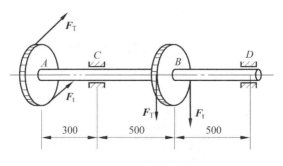

图 5-32 习题 13 图

14. 匀速转动的转轴如图 5-33 所示。已知 $F_1=5\text{kN}, F_2=2\text{kN}, a=200\text{mm}, b=60\text{mm}$，$d_0=100\text{mm}, D=160\text{mm}, [\sigma]=80\text{MPa}$。求 F_r、F_t 并按第三强度理论设计轴的直径。

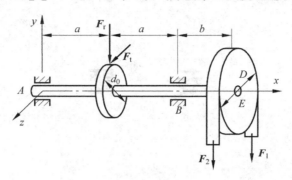

图 5-33 习题 14 图

模块6

专 题

【引言】

模块6为知识与能力拓展模块,通过5个任务的学习掌握更多的知识和能力。

【知识学习目标】

(1) 理解重心与形心的概念,懂得组合法计算平面图形形心的方法及实验法测量重心的方法。

(2) 理解动荷应力和动荷系数;理解交变应力的概念、类型、循环特性,掌握交变应力破坏和持久极限的概念。

(3) 理解应力集中和接触应力的概念。

(4) 理解应力状态和强度理论的概念、内容和公式。

【能力训练目标】

掌握组合法计算平面图形的形心及实验法测定重心的方法。

任务6.1 重心与形心

6.1.1 重心和形心

1. 重心

地球上任何有质量的物体都要受到地球的引力,若把物体假想地分割成无数个微体,则所有这些微体受到的地球引力将组成一个空间汇交力系(汇交点在地球的中心)。由于物体的尺寸与地球的半径相比要小很多,因此可近似认为这个力系是空间平行力系,其合力 G 即物体的重量,这个合力 G 的作用点 C 称为物体的重心。通过实践可知,无论物体怎样放置,重心在物体内的相对位置总是不变的。

重心的位置在工程中有着重要的意义。例如,起重机要正常工作,重心位置应满足一定条件,以保证其不至翻倾。船舶重心位置将直接影响其稳定性。机械中高速旋转构件的重心若偏离了旋转轴线,将引起机械剧烈的振动,等等。

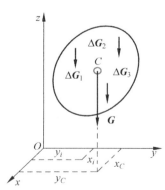

图 6-1 重心

如图 6-1 所示，若将物体分成若干微体，其重量分别为 ΔG_1、ΔG_2、$\cdots$、ΔG_n，各力作用点的坐标分别为：(x_1,y_1,z_1)、(x_2,y_2,z_2)、$\cdots$、(x_n,y_n,z_n)。则重心坐标的一般公式为

$$\begin{cases} x_C = \dfrac{\sum \Delta G_i x_i}{G} \\ y_C = \dfrac{\sum \Delta G_i y_i}{G} \\ z_C = \dfrac{\sum \Delta G_i z_i}{G} \end{cases} \tag{6-1}$$

2. 均质物体的重心和形心

许多物体可以看作是均质的。对于均质物体，设其比重为 ρ，整个物体的体积为 V，每个微体的体积为 ΔV_i，则物体的重量 G 和各微体的重量 ΔG_i 分别为

$$G = \rho V, \quad \Delta G_i = \rho \Delta V_i$$

代入重心的坐标公式(6-1)，并消去比重 ρ，可得均质物体的重心坐标公式：

$$\begin{cases} x_C = \dfrac{\sum \Delta V_i x_i}{V} \\ y_C = \dfrac{\sum \Delta V_i y_i}{V} \\ z_C = \dfrac{\sum \Delta V_i z_i}{V} \end{cases} \tag{6-2}$$

可见，均质物体的重心位置与重量无关，它完全取决于物体的几何形状，因此均质物体的重心就是物体几何形状的中心，即形心。

若物体是均质等厚薄平板，设平板的面积为 A，厚度为 h，每个微体的面积为 ΔA_i，则平板的总体积 V 与各微体的体积 ΔV_i 分别为

$$V = Ah, \quad \Delta V_i = \Delta A_i \cdot h$$

代入公式(6-2)，并消去厚度 h，即得到平板的形心坐标公式：

$$\begin{cases} x_C = \dfrac{\sum \Delta A_i x_i}{A} \\ y_C = \dfrac{\sum \Delta A_i y_i}{A} \end{cases} \tag{6-3}$$

可见，均质等厚薄平板的形心坐标与平板厚度无关，它取决于平板的平面几何形状。若不计平板的厚度，则式(6-3)也就是平面图形的形心坐标公式。

6.1.2 重心的求法

1. 组合法求重心或形心

对于具有对称面、对称轴或对称中心的均质物体，可以利用其对称性确定重心的位置。显然，这种物体的重心必在其对称面、对称轴或对称中心上。例如，均质圆球、圆环的重心

（形心）就在其球心、圆心上，均质正方体的重心在其对称中心上。

对于由若干个简单形体组合而成的组合体，可将组合形体分割成若干部分（简单几何形体），然后应用形心公式计算出组合形体的形心位置。下面举例说明。

能力训练——组合法求重心或形心示例

例 6-1 求如图 6-2 所示角钢横截面之形心。

解：建立坐标系，将图形分割为两个矩形，其面积和形心坐标分别为

$$A_1 = 300 \times 30 = 9000 (\text{mm}^2)$$
$$x_1 = 15 (\text{mm}), \quad y_1 = 150 (\text{mm})$$
$$A_2 = 170 \times 30 = 5100 (\text{mm}^2)$$
$$x_2 = 115 (\text{mm}), \quad y_2 = 15 (\text{mm})$$

代入式(6-3)，得

$$x_C = \frac{\sum \Delta A_i x_i}{A} = \frac{A_1 x_1 + A_2 x_2}{A_1 + A_2} = 51.2 (\text{mm})$$

$$y_C = \frac{\sum \Delta A_i y_i}{A} = \frac{A_1 y_1 + A_2 y_2}{A_1 + A_2} = 101.2 (\text{mm})$$

所以，角钢形心为(51.2, 101.2)。

如果在组合形体中切去一部分，而要求余下部分形体的重心时，仍可应用组合法，但要把切去部分的面积或体积取为负值。

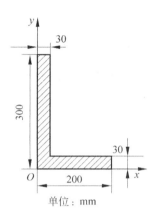

第 6-2 角钢横截面

2. 实验法

（1）悬挂法

对于形状比较复杂不便应用公式计算其重心（形心）的构件，可将该构件在任意一点 A 悬挂图 6-3(a)，并通过悬挂点 A 在上面画一铅垂线。根据二力平衡条件可知，拉力 T 和重力 G 二力等值反向共线，即构件重心（形心）C 一定在这条铅垂线上。然后再换一点 B 悬挂，再通过悬挂点 B 在上面画另一铅垂线，同理，其重心（形心）C 也一定在这条铅垂线上。显然，该构件的重心（形心）C 必定在这两条铅垂线的交点上。

一般来说，任何复杂形状物体（无论是否均质物体）的重心都可用悬挂法确定，可在不同位置悬挂二次（平面）或三次（空间），由重力作用线交点即可确定重心（形心）位置。

（2）称重法

对于一些形状复杂、重量或体积较大的难以悬挂的物体，可用称重法确定其重心位置。如图 6-3(b)所示车辆，前轮处的约束力 F_B 由地秤给出，以后轮与地面接触之 A 点为矩心，设重力作用在距 A 点 x 处，则可列平衡方程：

$$\sum M_A(F) = GX - F_B L = 0$$

由此可求出 x。若将前轮抬高一些再称一次，还可以再确定重心的另一个坐标。由二次获得的过重心的作用线的交点即可确定重心。

可见，悬挂法和称重法都是利用物体的平衡条件确定重心位置的方法。

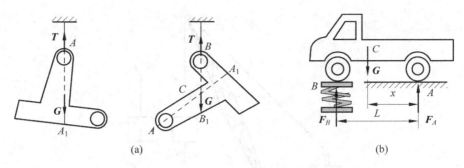

图 6-3 实验法求重心(形心)
(a) 悬挂法;(b) 称重法

任务 6.2 动载荷与交变应力

6.2.1 动荷应力

此前在分析讨论构件的应力和变形以及强度、刚度问题时,所涉及的载荷都是静载荷。所谓静载荷,就是指载荷的大小从零开始缓慢增加到某一值,以后不再随时间而变化的载荷。如果作用在构件上的载荷随时间有显著的变化,或在载荷作用下构件上各点有显著的加速度,这种载荷即称为**动载荷**。因动载荷作用而引起构件产生的应力称为动荷应力。实际工程中有很多构件是在动载荷作用下工作的。分析动载荷作用于构件的问题时,都假定构件材料的动荷应力不超过材料的比例极限,而分析方法是动静法。

下面介绍的是构件在有加速度或冲击时动荷应力的计算,以及构件在交变应力作用下疲劳强度的计算。

1. 构件作等加速直线运动时的动荷应力与变形

如图 6-4(a)所示,起重机以等加速度 a 起吊一重量为 G 的重物。今不计吊索的重量,取重物为研究对象,用动静法在重物上施加惯性力 $\dfrac{G}{g}a$,如图 6-4(b)所示,列平衡方程,得吊绳的拉力 F_T 为

$$F_T = G + \frac{G}{g}a = G\left(1 + \frac{a}{g}\right)$$

若吊索的横截面面积为 A,其动荷应力为

$$\sigma_d = \frac{F_T}{A} = \frac{G}{A}\left(1 + \frac{a}{g}\right) = \sigma_j\left(1 + \frac{a}{g}\right) = K_d \sigma_j$$

式中,σ_j 就是吊索静止时在静载荷作用下的静荷应力,系数 K_d 称为动荷因数,即

$$K_d = 1 + \frac{a}{g} \tag{6-4}$$

根据以上得出的动荷应力,可得其强度条件为

$$\sigma_{d\max} = K_d \sigma_{j\max} \leqslant [\sigma] \quad \text{或} \quad \sigma_{j\max} \leqslant \frac{[\sigma]}{K_d} \tag{6-5}$$

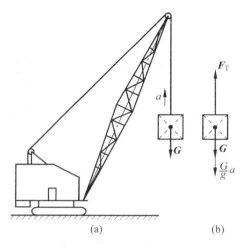

(a)　　　　　　　(b)

图 6-4　起重机起吊重物

式(6-5)中，$[\sigma]$为静载下材料的许用应力。上式表明动载荷问题可按静载荷处理，只需将许用应力降至原值的$\dfrac{1}{K_d}$。

2. 构件受冲击时的动荷应力

当具有一定速度的运动物体碰撞到静止构件时，物体和构件间会产生很大的相互作用力，这种现象称为冲击。如汽锤锻造工件、落锤打桩、金属冲压加工、铆钉枪铆接、高速转动的传动轴制动等，都是冲击的工程实例。

如图6-5(a)、图6-5(b)所示，一重量为G的重物从高度h处自由下落，以一定的速度冲击直杆。设使直杆产生的最大冲击位移为Δ_d，如图6-6(c)所示，由机械能守恒定律和虎克定律可知，直杆在受冲击力F_d作用时产生的位移Δ_d与在静载荷即重量G作用下产生的位移Δ成正比，其冲击动荷因数为

$$K_d = \dfrac{\Delta_d}{\Delta} = 1 + \sqrt{1 + \dfrac{2h}{\Delta}} \tag{6-6}$$

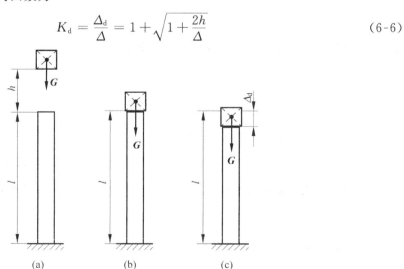

(a)　　　　(b)　　　　(c)

图 6-5　杆件受冲击

得出动荷应力后,即可建立构件受冲击时的强度条件,即

$$\sigma_{dmax} = K_d \sigma_{jmax} \leqslant [\sigma] \tag{6-7}$$

式中,σ_{dmax}和σ_{jmax}分别为构件受冲击时的最大动荷应力和最大静荷应力,$[\sigma]$为静荷强度计算中许用应力。

最后应指出动荷因数亦即式(6-6)只适用于自由落体冲击的情形,而且也只有材料在弹性范围内才适用。另外在分析计算受冲击载荷作用的构件时,除应使构件满足受冲击时的强度条件外,还应使材料符合规定的抵抗冲击的指标。工程上常用冲击韧度α_K作为衡量材料抵抗冲击能力的指标,它与材料的强度指标σ_s、σ_b和塑性指标δ、ψ一样,属于材料常规的力学性能五大指标之一,冲击韧度α_K由冲击试验确定。

6.2.2 交变应力

1. 交变应力的概念

在以前分析强度问题时,构件中的应力均不随时间而改变。但在工程实际中,很多构件受到随时间作周期性变化应力的作用,这种随时间作周期性变化的应力称为交变应力。如图6-6(a)所示的火车轮轴受到来自车厢重力G的作用,重力G的大小和方向虽然基本不变,但由于轮轴的转动,其转轴横截面上点C到横截面中性轴的距离$y = \sin\omega t$是随时间而变化的,因此点C的弯曲正应力也随时间按正弦规律变化,如图6-6(b)所示。

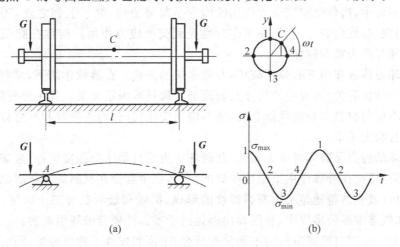

图6-6 火车轮轴交变应力

为了描述应力随时间的变化,通常把由最大应力σ_{max}变到最小应力σ_{min},再由最小应力σ_{min}变回到最大应力σ_{max}的过程,称为一个应力循环。把一个应力循环中最小应力与最大应力之比值称为循环特性,用r表示,即

$$r = \frac{\sigma_{min}}{\sigma_{max}} \tag{6-8}$$

把最大应力和最小应力代数和之半称为平均应力,用σ_m表示,即

$$\sigma_m = \frac{1}{2}(\sigma_{max} + \sigma_{min}) \tag{6-9}$$

把最大应力和最小应力代数差之半称为应力幅,用 σ_a 表示,即

$$\sigma_a = \frac{1}{2}(\sigma_{max} - \sigma_{min}) \qquad (6\text{-}10)$$

如图 6-6 所示的火车轮轴所受交变应力的情形,称为对称循环,其循环特性 $r=-1$。在各种交变应力的应力循环中,除对称循环外,其余都称为非对称循环。在非对称循环中,较常见的是最小应力 $\sigma_{min}=0$,循环特性 $r=0$ 的情形,如图 6-7 所示的单方向转动的齿轮,在齿轮的啮合过程中,齿根上点 A 的应力就交替变化在某一应力值和零之间,这种情形称为脉动循环。

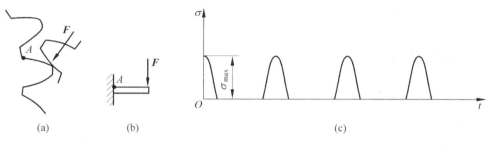

图 6-7 脉动循环

2. 疲劳破坏的特点及原因

在工程实际中,构件受交变应力作用的情形是很普遍的,除了上例之外,还有如内燃机连杆、铁道钢轨、螺旋弹簧等,它们在工作时也受到交变应力作用。构件在交变应力作用下发生的破坏通常称为疲劳破坏。

疲劳破坏与静载作用下的强度破坏,有着本质的差别。在静载作用下,材料的强度主要与材料本身的性能有关,而与构件尺寸及表面加工质量等因素无关;但在交变应力作用下,材料的强度不仅与材料本身的性能有关,还与应力变化情况、构件形状和尺寸以及表面加工质量等因素有很大关系。

疲劳破坏的特点是破坏时应力很低,其破坏应力值远低于静强度指标,且破坏时没有明显的塑性变形,即使在静载作用下塑性很好的材料,也常常会在材料的屈服点以下发生突然断裂,其断口一般会清楚地显示出断裂裂纹的形成、扩展和最后断裂三个区域。据统计,在飞机、车辆和机器破坏的事故中,有很大比例是由于零部件疲劳破坏引起的。

工程上基于长期对机械事故的不断分析研究,丰富和发展了疲劳理论,同时还促成了断裂力学的形成。现在对疲劳破坏的解释是:构件在交变应力的作用下,尽管工作应力低于屈服点,但由于材料的不均匀,故在有裂纹缺陷的地方造成了巨大的应力集中。随着应力循环次数的增加,其裂纹的扩展逐步削弱了构件的有效截面面积,类似于在构件上作成尖锐的"切口"。一旦出现动载荷等的偶然作用,构件即发生突然断裂。

因此,对于承受交变应力的构件,在设计、制造和使用过程中,应特别注意裂纹的形成和扩展过程。当火车靠站时,铁路工人用小铁锤轻轻敲击车轴,检查车轴是否发生裂纹,以防突然发生事故。

由于裂纹的形成和扩展,需要一定的应力循环次数,因此疲劳破坏需要经历一定的时间。

3. 材料的持久极限

由于疲劳破坏与静载强度破坏有着本质的差别，所以静应力强度指标不能作为疲劳破坏的计算依据。材料在交变应力作用下的强度计算依据是材料在经过无限多次应力循环后不发生疲劳破坏的最大应力值，称为材料的持久极限，用 σ_r 表示。材料在对称循环交变应力作用下的持久极限由疲劳试验机测定。

加工成一组直径相同且表面光滑的小试样，每组试样 10 根左右，直径 $d=5\sim 10\mathrm{mm}$，试验时使第一批试样装在旋转弯曲疲劳试验机上，由悬挂砝码给试样施加载荷，如图 6-8 所示。

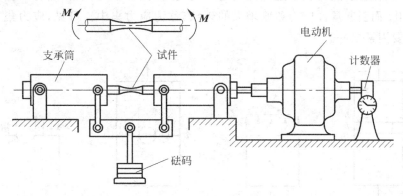

图 6-8 疲劳试验机

试验完后，以弯曲正应力 σ 为纵坐标，以疲劳寿命 N 为横坐标，绘出试验结果曲线，该曲线即为表征材料疲劳性能的应力—寿命 S—N 曲线。如图 6-9 所示为钢材的 S—N 曲线，当应力降到某一极限值时，S—N 曲线趋近于一水平渐近线，渐近线所对应的纵坐标值即为材料经历无限次应力循环而不断裂的持久极限。对称循环的持久极限记为 σ_{-1}。

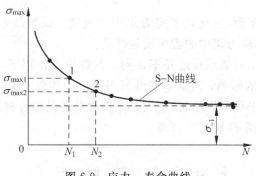

图 6-9 应力—寿命曲线

试验指出，钢材的持久极限与其在静载荷作用下的抗拉强度存在有以下的近似关系：对于弯曲有 $\sigma_{-1}\approx(0.4\sim 0.5)\sigma_b$，对于拉伸或压缩有 $\sigma_{-1}=(0.33\sim 0.59)\sigma_b$，对于扭转有 $\tau_{-1}=(0.23\sim 0.29)\sigma_b$。由此可见，材料在交变应力的作用下，其强度明显降低。

在设计和制造构件时，要尽可能地避免带有尖角或方形的孔、槽出现，尽量加大过渡圆角；采取措施提高构件表层的强度和硬度，如渗碳、渗氮、高频淬火、表层滚压和喷丸等，都可明显提高构件的疲劳强度。

任务 6.3 应力集中

等截面直杆受轴向拉伸或压缩时应力是均匀分布的,如图 6-10 所示。由于实际需要,有些零件上开有切口、切槽、油孔、螺纹、轴肩等,以至这些部位上截面的尺寸发生突然变化。试验结果和理论分析表明,在零件尺寸突然改变处的横截面上,应力并不是均匀分布的。例如开有圆孔或切口板条受拉时,在圆孔或切口附近的局部区域内,应力将急剧增加,但在离开圆孔或切口稍远处,应力就迅速降低而趋于均匀,如图 6-11 所示。这种因受载零件几何尺寸突然变化,而引起局部应力急剧增大的现象,称为应力集中。可见,应力集中是影响零件强度的重要因素之一。

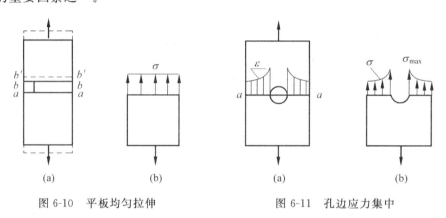

图 6-10 平板均匀拉伸   图 6-11 孔边应力集中

设发生应力集中的截面上的最大应力为 σ_{max},同一截面上的平均应力为 σ,则比值

$$k = \frac{\sigma_{max}}{\sigma} \quad (6-11)$$

称为理论应力集中系数,它反映了应力集中的程度。试验结果表明:截面尺寸改变的越急剧、角越尖、孔越小,应力集中的程度就越严重。

各种材料对应力集中的敏感程度并不相同。在静应力作用下,对于塑性材料制成的零件可以不考虑应力集中的影响;而对于脆性材料制成的零件则必须考虑应力集中的影响。当零件受交变应力或冲击载荷作用时,不论是塑性材料还是脆性材料,应力集中对零件的强度都有严重影响,往往是零件破坏的根源。

任务 6.4 接触应力

一些机械零件在工作过程中,理论上两零件间是通过点或线接触传递载荷的(如两齿轮的传动),实际上零件受载后在接触部分将产生局部的弹性变形而形成面接触,但由于接触面积很小,表层产生的局部应力很大,该应力就称为接触应力。在表面接触应力作用下的零件强度称为接触强度。在设计机械零件时所遇到的接触应力,大多是随时间变化的,产生的失效属于接触疲劳破坏。接触疲劳破坏的特点是,在零件表面形成一个个小坑,称为疲劳点蚀,这是齿轮、滚动轴承等零件的主要失效形式。

接触应力的分布和计算较为复杂,一般需用弹性力学理论来研究,这里仅以一对圆柱的接触为例,介绍接触应力的计算公式。

如图 6-12 所示为两个圆柱体相接触,其半径分别为 ρ_1 和 ρ_2,法向压力为 $\boldsymbol{F}_n$。

由于接触表面局部弹性变形,形成长方形接触面积,在接触面上的最大应力可用赫兹公式计算,即

$$\sigma_{\text{Hmax}} = \sqrt{\frac{1}{\pi\left(\frac{1-\mu_1^2}{E_1}+\frac{1-\mu_2^2}{E_2}\right)} \cdot \frac{F_n}{b\rho_\Sigma}} \quad (6\text{-}12)$$

式中,μ_1、μ_2 分别为两圆柱体材料的泊松比;E_1、E_2 分别为两圆柱体材料的弹性模量;ρ_Σ 为两圆柱体的综合曲率半径,$\rho_\Sigma = \dfrac{\rho_1 \rho_2}{\rho_1 \pm \rho_2}$,"+"、"−"号分别用于外接触和内接触。

接触疲劳强度条件为

$$\sigma_{\text{Hmax}} \leqslant [\sigma]_H$$

式中,$[\sigma]_H$ 为许用接触应力。

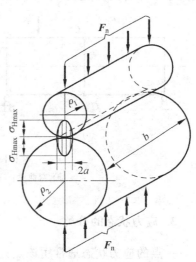

图 6-12 一对接触的圆柱体

任务 6.5 强度理论简介

6.5.1 应力状态

1. 应力状态的概念

通过研究发现在受力构件内一点处所截取的截面方位不同,截面上应力的大小和方向也是不同的。为了更全面地了解杆内的应力情况,分析各种破坏现象,必须研究受力构件内某一点处的各个不同方位截面上的应力情况,即研究点的应力状态。过一点处的不同方位的截面称为方位面。所谓一点的应力状态,就是过构件一点所有方位面上的应力集合。

为了描述构件内某点的应力状态,可以在该点处截取一个微小的正六面体即单元体来分析。因为单元体的边长是极其微小的,所以可以认为单元体各个面上的应力是均匀分布的,任意一对相对平行面上的应力大小相等。因此,用单元体及其三对互相垂直面上的应力来表示一点的应力状态。

图 6-13 表示剪切弯曲梁上、下边缘处 C 和 C' 点的单元体。由于这些单元体上的应力均可以通过构件上的外载荷求得,所以这些单元体称为原始单元体。

2. 主平面、主应力

一般说,原始单元体上各个面上既存在正应力 σ,又存在切应力 τ。主平面就是指单元体上切应力等于零的平面,作用于主平面上的正应力,称为主应力,如图 6-13 所示的单元体的两对面上均没有切应力,所以两对面均为主平面;两对面上的正应力(包括正应力为零)

都是主应力。可以证明,在受力构件的任一点处,总可以找到由三个相互垂直的主平面组成的单元体,称为主单元体。相应的三个主应力,分别用 σ_1,σ_2,σ_3 表示,并规定按它们的代数值大小顺序排列,即 $\sigma_1 \geqslant \sigma_2 \geqslant \sigma_3$,图 6-13 中的二个单元体均为主单元体。

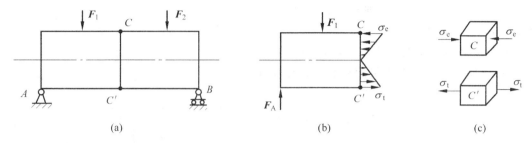

图 6-13 弯曲梁上、下边缘点应力状态
(a) 弯曲梁;(b) 横截面上应力分布;(c) 单元体应力状态

3. 应力状态的分类

一点的应力状态通常用该点处的三个主应力来表示,根据主应力不等于零的数目,将应力状态分为三类。

(1) 单向应力状态:一个主应力不为零的应力状态。
(2) 二向应力状态:两个主应力不为零的应力状态,称二向应力状态或平面应力状态。
(3) 三向应力状态:三个主应力都不等于零时,称为三向应力状态或空间应力状态。

单向应力状态又称简单应力状态,二向和三向应力状态又称为复杂应力状态。

对塑性材料(如低碳钢)制成的圆轴,由于塑性材料的抗剪强度低于抗拉强度,扭转时沿横截面破坏,如图 6-14(c)所示;对脆性材料(如铸铁)制成的圆轴,由于脆性材料的抗拉强度较低,扭转时沿与轴线 45°方向破坏,如图 6-14(d)所示。

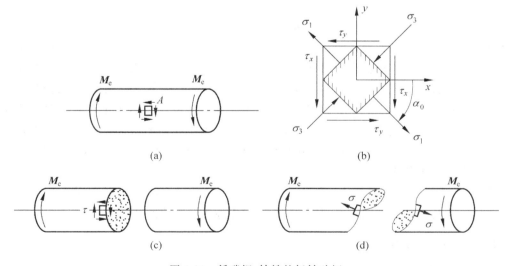

图 6-14 低碳钢、铸铁的扭转破坏

6.5.2 强度理论简介

如前所述,轴向拉压、圆轴扭转和平面弯曲的强度条件,可用 $\sigma_{max} \leqslant [\sigma]$ 或 $\tau_{max} \leqslant [\tau]$ 形式表示,许用应力 $[\sigma]$ 或 $[\tau]$ 是通过材料实验测出失效(断裂或屈服)时的极限应力再除以安全因数后得出的,可见基本变形的强度条件是以实验为基础建立的。

但是当构件的受力较为复杂时,构件中的危险点常处于复杂应力状态。如果仍然通过类似基本变形的材料试验方法,测出失效时的极限应力是极其困难的。主要原因是:在复杂应力状态下,材料的失效与三个主应力的不同比例组合有关,从而需要进行无数次的试验;另外,模拟构件的复杂受力所需的设备和实验方法也难以实现。所以直接通过材料试验的方法来建立复杂应力状态下的强度条件是不现实的。于是,人们在试验观察、理论分析、实践检验的基础上,逐渐形成了这样的认识,认为材料按某种方式的失效(如断裂或屈服)主要是由某一因素(如应力、应变或变形能等)引起的,与材料的应力状态无关,只要导致材料失效的这一因素达到极限值,构件就会破坏。这样,人们找到了一条利用简单应力状态的实验结果来建立复杂应力状态下强度条件的途径,这些推测材料失效因素的假说称为强度理论。

材料失效破坏现象,可以归纳为两类基本形式:铸铁、石料、混凝土、玻璃等脆性材料,通常以断裂形式失效;碳钢、铜、铝等塑性材料,通常以屈服形式失效。相应的创立了两类强度理论:一类是关于脆性断裂的强度理论,其中有最大拉应力理论;一类是关于塑性屈服的强度理论,其中有最大切应力理论和形状改变比能理论。

下面分别介绍三种强度理论及其相当应力。

1. 最大拉应力理论(第一强度理论)

这一理论认为:无论材料处在何种应力状态下,只要发生脆性断裂,其主要原因是最大拉应力达到了与材料性质有关的某一极限值。在复杂应力状态下最大拉应力即为 σ_1,而单向拉伸时只有 σ_1,当 σ_1 达到强度极限 σ_b 时发生断裂,根据这一理论,即有

$$\sigma_1 = \sigma_b$$

考虑到一定的强度储备,于是得到第一强度理论的强度条件为

$$\sigma_1 \leqslant \frac{\sigma_b}{n} = [\sigma] \tag{6-13}$$

2. 最大切应力理论(第三强度理论)

这一理论认为:无论材料处在何种应力状态下,只要发生塑性屈服,其主要原因是最大剪应力达到了与材料性质有关的某一极限值。在复杂应力状态下,最大剪应力为 $\tau_{max} = \frac{\sigma_1 - \sigma_3}{2}$;而在单向拉伸到屈服时,与轴线成 $45°$ 的斜截面上有 $\tau_{max} = \frac{\sigma_s}{2}$,根据这一理论,即有

$$\frac{\sigma_1 - \sigma_3}{2} = \frac{\sigma_s}{2} \quad \text{或} \quad \sigma_1 - \sigma_3 = \sigma_s$$

于是得到第三强度理论的强度条件为

$$\sigma_1 - \sigma_3 \leqslant \frac{\sigma_s}{n} = [\sigma] \tag{6-14}$$

第三强度理论与钢、铜、铝等塑性材料的塑性屈服破坏现象相符，因此在机械工程中得到广泛使用。

现将第三强度理论应用到承受弯曲与扭转组合作用的圆轴。

轴上危险点的弯曲正应力 $\sigma = \dfrac{M}{W_z}$，扭转剪应力 $\tau = \dfrac{M_n}{W_n}$，而 $W_z = \dfrac{\pi d^3}{32}$，$W_n = \dfrac{\pi d^3}{16}$，所以 $W_n = 2W_z$，经推导（略）可得：

$$\sigma_{xd3} = \frac{\sqrt{M^2 + M_n^2}}{W_z} \leqslant [\sigma] \tag{6-15}$$

式(6-15)即为按第三强度理论圆轴弯扭组合变形时的强度条件，σ_{xd3} 的意义是按第三强度理论所得的相当应力。

3. 形状改变比能理论（第四强度理论）

构件受力后，其形状和体积都会发生改变，同时构件内部也积蓄了一定的变形能。积蓄在单位体积内的变形能称为形状改变比能。这一理论认为：无论材料处在何种应力状态下，只要发生塑性屈服，其主要原因是形状改变比能达到其单向拉伸屈服时的极限值。

可以证明，复杂应力状态下的形状改变比能为

$$u_d = \frac{1+\mu}{6E}\left[(\sigma_1 - \sigma_2)^2 + (\sigma_2 - \sigma_3)^2 + (\sigma_3 - \sigma_1)^2\right]$$

而单向拉伸屈服时的形状改变比能为

$$u_d = \frac{1+\mu}{3E}\sigma_s^2$$

于是得到第四强度理论的强度条件为

$$\sqrt{\frac{1}{2}\left[(\sigma_1 - \sigma_2)^2 + (\sigma_2 - \sigma_3)^2 + (\sigma_3 - \sigma_1)^2\right]} \leqslant \frac{\sigma_s}{n} = [\sigma] \tag{6-16}$$

再将第四强度理论应用到承受弯曲与扭转组合作用的圆轴（推导过程略），最后可得：

$$\sigma_{xd4} = \frac{\sqrt{M^2 + 0.75 M_n^2}}{W_z} \leqslant [\sigma] \tag{6-17}$$

上式即为按第四强度理论圆轴弯扭组合变形时的强度条件，σ_{xd4} 的意义是按第四强度理论所得的相当应力。

三种强度理论的强度条件可以用统一的形式来表达：

$$\sigma_r \leqslant [\sigma] \tag{6-18}$$

式中，σ_r 称为相当应力。它由三个主应力按一定的形式组合而成。

材料的失效是一个极其复杂的问题，四种常用的强度理论都是在一定的历史条件下产生的，受到经济发展和科学技术水平的制约，都有一定的局限性。大量的工程实践和试验结果表明，上述四种强度理论的适用范围与材料的类别和应力状态等有关，一般认为脆性材料通常以断裂形式失效，宜采用第一理论。塑性材料通常以屈服形式失效，宜采用第三或第四强度理论。

小 结

在本模块学习了以下基本和重要概念及知识：

重心和形心、动载荷及动荷应力和动荷因数、交变应力和疲劳破坏、循环特性及对称循环和脉动循环、持久极限、应力集中、接触应力。一点处的应力状态、强度理论、第三和第四强度理论。

习 题

1. 求如图 6-15 所示振动器中偏心块的形心位置。已知 $R=100\mathrm{mm}$，$r=13\mathrm{mm}$，$b=17\mathrm{mm}$。

2. 求如图 6-16 所示 T 型截面的形心。

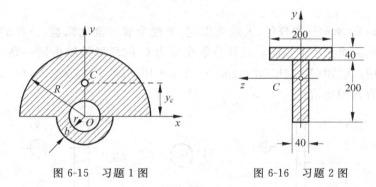

图 6-15 习题 1 图　　　　图 6-16 习题 2 图

3. 求如图 6-17 所示各平面图形的形心坐标。

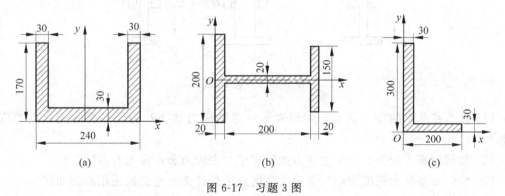

(a)　　　　(b)　　　　(c)

图 6-17 习题 3 图

4. 什么是动荷因数？冲击动荷因数与哪些因素有关？为什么弹簧可以承受较大的冲击载荷而不致损坏？

5. 为什么在构件外形上显现出来的截面突变之处，如螺纹、键槽、轴肩等，会影响它的疲劳极限？

6. 什么是交变应力？什么是疲劳强度？疲劳破坏是如何形成的？有何特点？

7. 什么是循环特征？什么是对称循环和非对称循环？试举两个实例予以说明。

8. 为什么构件尺寸的加大会降低持久极限？

9. 长为 l 横截面面积为 A 的杆件以加速度 a 向上提升，如图 6-18 所示。若密度为 ρ，求杆件横截面的最大正应力。

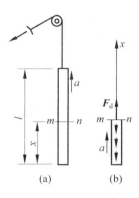

图 6-18 习题 9 图

10. 如图 6-19 所示三根杆件，上端均固定，下端个装一刚性圆盘，三杆的体积均相同，但杆的长度和横截面大小不相同。三杆分别受重力 G 的环形重物由同一高度 h 自由下落到圆盘上的作用。已知 $G=10\text{kN}, l=1\text{m}, A=1.0\times 10^{-4}\text{m}^2, E=200\text{GPa}, h=100\text{mm}$。求三根杆件动荷应力 σ_d 的比值。

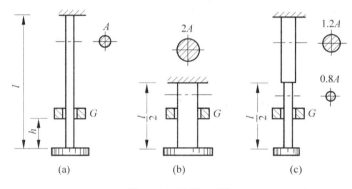

图 6-19 习题 10 图

11. 什么是一点的应力状态？如何表示一点的应力状态？为什么要研究一点的应力状态？

12. 如何理解主应力？三个主应力如何排序？主应力和正应力有何区别？

13. 为什么要提出强度理论？常用的强度理论是什么？它们的适用范围如何？

附录 A

杆梁类实践项目

【实践项目 A1】
"气动夹紧机构的设计与制作项目"任务书

1. 项目目的

通过完成本项目,进而完成本书模块 1~模块 4 学习任务。

2. 机构原理

如图 A-1 所示,气缸内产生气压力 P 驱动活塞及活塞杆,拉动滚子 A 向左移动,带动连杆 AB 趋向铅垂,顶起杠杆 BOC 绕 O 轴逆时针转动,进而对工件 C 产生夹紧力 F_C。

当气缸放气时,气压力 P 消失,杠杆可放松工件。

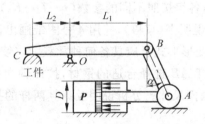

图 A-1 气动夹紧机构示意图

3. 项目目标

1) 实现使用功能

机构能产生 K 倍的夹紧力,即对工件的夹紧力 F_C 是气压力 P 的 K 倍:$F_C/P = K$(K 称为静力放大系数)。

为了有利于培养同学们的独立思考和创新能力,建议把全班分为若干小组,每组 4~6 人为宜。各组参数见表 A-1。

表 A-1　机构参数

气体压强 p	活塞直径 D	静力放大系数 K
3.0MPa	100mm	12、14、18
4.0MPa	110mm	10、13、15
5.0MPa	120mm	12、16、20
6.0MPa	130mm	15、18、22

2）满足安全性和经济性

机构中的各构件既具备足够的承载力，以保证机构能够安全可靠的使用，同时又满足经济性原则。

4. 工作任务

（1）写出一份正式设计说明书。

（2）画出一张正式 4 号图纸。

（3）制作出一台机构模型，并检验能否达到预定的目标。

5. 工作步骤

（1）观察机构示意图并将整个机构拆开，对各构件间的连接（接触）进行观察分析，说明整个机构的构件组成，并说明各处连接（接触）可归纳简化为何种常见约束类型。开始书写设计说明书（草稿）。

（2）对机构中各构件进行受力分析并画出受力图。续写设计说明书（草稿）。

（3）在受力图上，选取杠杆 BOC 进行力投影和力矩分析计算的能力训练。

（4）应用力系平衡总则，各组按照不同的参数（$p—D—K$）初步设计确定各构件的长度尺寸和其他参数。续写设计说明书（草稿），并用 4 号图纸画出机构简图（草图）。

（5）分析说明各构件的变形形式及应具备何种承载力。续写设计说明书（草稿）。

（6）分别为活塞杆和连杆 AB 选择合适的钢材，按照轴向拉/压强度条件（注意压杆的稳定性）设计确定两杆的横截面尺寸。分析说明及计算两杆的拉伸/压缩变形。续写设计说明书（草稿）。

（7）按照剪切和挤压强度条件分别设计确定 A、B、O 三处连接螺栓（销钉）的直径。续写设计说明书（草稿）。

（8）为杠杆 BOC 选择合适的钢材，按照合适的强度条件设计确定横截面尺寸（宽度、厚度）。完成设计说明书（草稿）。

（9）全面检查修改设计说明书（草稿），之后重新写成正式的设计说明书。

（10）全面检查修改机构简图（草图），之后重新画成正式的 4 号图纸。

（11）用合适的材料按照本人设计的技术参数制作出一台机构模型，并检验是否达到预定的目标。

【实践项目 A2】
"气动夹具机构的设计与制作项目"任务书

1. 项目目的
通过完成本项目，进而完成本书模块 1~模块 4 学习任务。

2. 机构原理
如图 A-2 所示，气缸内的压缩空气产生气压力 F 推动活塞向上移动，通过铰链 A 使得 AB、AC 两连杆逐渐向水平线 BC 接近，进而推动杠杆 BOD 绕 O 轴逆时针转动，从而压紧工件 D。

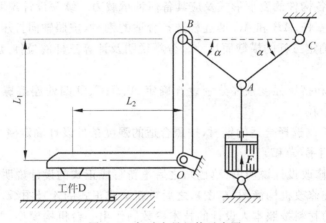

图 A-2 气动夹具机构示意图

当气缸放气时，气压力消失，杠杆可放松工件。

3. 项目目标

1）实现使用功能

已知压缩空气对活塞的推力 $F=1500N$，机构能够产生的最小夹紧力为 F_D。

为了有利于培养同学们的独立思考和创新能力，把全班分为若干小组，每组 4~6 人为宜，分别取最小夹紧力 $F_D=5000N$、$5500N$、$6000N$、$6500N$、$7500N$、$8000N$、$8500N$、$9000N$、$9500N$、$10000N$ 等。

2）满足安全性和经济性

机构中的各构件既具备足够的承载力，以保证机构能够安全可靠的使用，同时又满足经济性原则。

4. 工作任务

(1) 写出一份正式设计说明书。
(2) 画出一张正式 4 号图纸。

(3) 制作出一台机构模型,并检验能否达到预定的目标。

5. 工作步骤

(1) 观察整个机构示意图并拆卸开来,对各构件间的连接(接触)进行观察分析,说明整个机构的构件组成,并说明各处连接(接触)可归纳简化为何种常见约束类型。开始书写设计说明书(草稿)。

(2) 对机构中各构件进行受力分析并画出受力图。续写设计说明书(草稿)。

(3) 在受力图上,选取杠杆 BOD 进行力投影和力矩分析计算的能力训练。续写设计说明书(草稿)。

(4) 应用力系平衡总则,各组按照不同的最小夹紧力 F_D 初步设计确定各构件(活塞杆、AB 和 AC 两连杆、杠杆 BOD)的长度尺寸和其他参数。续写设计说明书(草稿),并用 4 号图纸画出机构简图(草图)。

(5) 分析说明各构件的变形形式及应具备何种承载力。续写设计说明书(草稿)。

(6) 分别为活塞杆、AB 和 AC 两连杆选择合适的钢材,按照轴向拉压强度条件(注意压杆的稳定性)设计确定三杆的横截面尺寸。分析说明及计算三杆的拉伸/压缩变形。续写设计说明书(草稿)。

(7) 按照剪切和挤压强度条件分别设计确定 A、B、C、O 四处连接螺栓(销钉)的直径。续写设计说明书(草稿)。

(8) 为杠杆 BOD 选择合适的钢材,按照合适的强度条件设计确定横截面尺寸(宽度、厚度)。完成设计说明书(草稿)。

(9) 全面检查修改设计说明书(草稿),之后重新写成正式的设计说明书。

(10) 全面检查修改机构简图(草图),之后重新画成正式的 4 号图纸。

(11) 用合适的材料按照本人设计的技术参数制作出一台机构模型,并检验是否达到预定的目标。

【实践项目 A3】
"曲柄滑块式冲压机机构的设计与制作项目"任务书

1. 项目目的

通过完成本项目,进而完成本书模块 1~模块 4 学习任务。

2. 机构原理

如图 A-3 所示,当曲柄 OA 转动时,拉动连杆 AB,进而使得两条连杆 BC 和 BD 趋向水平,最终推动滑块 D 对工件产生冲压力 F。

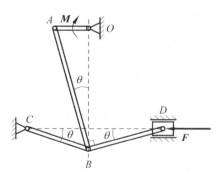

图 A-3 曲柄滑块式冲压机机构示意图

3. 项目目标

1) 实现使用功能

设曲柄 OA 上的转矩为 M，所设计的机构能够产生的最小冲压力为 F。

为了有利于培养同学们的独立思考和创新能力，把全班分为若干小组，每组 4～6 人为宜，各组参数见表 A-2。

表 A-2 机构参数

转矩 $M/\text{N}\cdot\text{m}$	最小冲压力 F/N	转矩 $M/\text{N}\cdot\text{m}$	最小冲压力 F/N
100	1000、1200、1600、2000	200	1400、1900、2300、2500
150	1300、1500、1800、2200		

2) 满足安全性和经济性

机构中各构件既具备足够的承载力，以保证机构能够安全可靠的使用，同时又满足经济性原则。

4. 工作任务

(1) 写出一份正式设计说明书。

(2) 画出一张正式 4 号图纸。

(3) 制作出一台机构模型，并检验能否达到预定的目标。

5. 工作步骤

(1) 观察机构示意图并将整个机构拆开，对各构件间的连接(接触)进行观察分析，说明整个机构的构件组成，并说明各处连接(接触)可归纳简化为何种常见约束类型。开始书写设计说明书(草稿)。

(2) 对机构中各构件进行受力分析并画出受力图。续写设计说明书(草稿)。

(3) 在受力图上，选取铰 B 和滑块 D 进行力投影分析计算的能力训练。

(4) 应用力系平衡总则，各组按照不同的参数(转矩 M；最小冲压力 F)，初步设计确定各构件长度尺寸和其他参数。续写设计说明书(草稿)，并用 4 号图纸画出机构简图(草图)。

(5) 分析说明各构件的变形形式及应具备何种承载力。续写设计说明书(草稿)。

(6) 为三条连杆 AB、BC 和 BD 选择合适的钢材，按照轴向拉压强度条件(注意压杆的稳定性)设计确定连杆的横截面尺寸。分析说明及计算连杆的拉伸/压缩变形。续写设计说明书(草稿)。

(7) 按照剪切和挤压强度条件分别设计确定 O、A、B、C、D 五处连接螺栓(销钉)的直径。续写设计说明书(草稿)。

(8) 为曲柄 OA 选择合适的钢材，按照合适的强度条件设计确定横截面尺寸。完成设计说明书(草稿)。

(9) 全面检查修改设计说明书(草稿)，之后重新写成正式的设计说明书。

(10) 全面检查修改机构简图(草图)，之后重新画成正式的 4 号图纸。

(11) 用合适的材料按照本人设计的技术参数制作出一台机构模型，并检验是否达到预定的目标。

【实践项目 A4】
"曲手柄式冲压机机构的设计与制作项目"任务书

1. 项目目的

通过完成本项目,进而完成本书模块 1~模块 4 学习任务。

2. 机构原理

如图 A-4 所示,当施工者在 A 点对曲手柄 AOB 施加力 F(垂直于 AO)时,推动连杆 BC,进而使得两连杆 CD 和 CE 趋向铅垂,最终推动滑块 E(冲头)对工件产生冲压力 N。

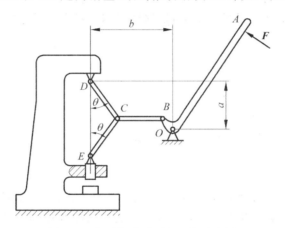

图 A-4 曲手柄式冲压机机构示意图

3. 项目目标

1)实现使用功能

设施工者的作用力为 F,所设计的机构能够产生的最小冲压力为 N。

为了有利于培养同学们的独立思考和创新能力,把全班分为若干小组,每组 4~6 人为宜,各组参数见表 A-3。

表 A-3 机构参数

人力 F/N	最小冲压力 N/N	人力 F/N	最小冲压力 N/N
100	1000、1200、1600、2000	200	1400、1900、2300、2500
150	1300、1500、1800、2200		

2)满足安全性和经济性

机构中各构件既具备足够的承载力,以保证机构能够安全可靠的使用,同时又满足经济性原则。

4. 工作任务

(1) 写出一份正式设计说明书。

(2) 画出一张正式 4 号图纸。

(3) 制作出一台机构模型,并检验能否达到预定的目标。

5. 工作步骤

(1) 观察机构示意图并将整个机构拆开,对各构件间的连接(接触)进行观察分析,说明整个机构的构件组成,并说明各处连接(接触)可归纳简化为何种常见约束类型。开始书写设计说明书(草稿)。

(2) 对机构中各构件进行受力分析并画出受力图。续写设计说明书(草稿)。

(3) 在受力图上,选取曲手柄 AOB 进行力投影和力矩分析计算的能力训练。

(4) 应用力系平衡总则,各组按照不同的参数(人力 F;最小冲压力 N),初步设计确定各构件长度尺寸和其他参数。续写设计说明书(草稿),并用 4 号图纸画出机构简图(草图)。

(5) 分析说明各构件的变形形式及应具备何种承载力。续写设计说明书(草稿)。

(6) 为三条连杆 BC、CD、CE 选择合适的钢材,按照轴向拉伸/压缩强度条件(注意压杆的稳定性)设计确定三条连杆的横截面尺寸。分析说明及计算三条连杆的拉伸/压缩变形。续写设计说明书(草稿)。

(7) 按照剪切和挤压强度条件分别设计确定 O、B、C、D、E 五处连接螺栓(销钉)的直径。续写设计说明书(草稿)。

(8) 为曲手柄 AOB 选择合适的钢材,按照合适的强度条件设计确定横截面尺寸。完成设计说明书(草稿)。

(9) 全面检查修改设计说明书(草稿),之后重新写成正式的设计说明书。

(10) 全面检查修改机构简图(草图),之后重新画成正式的 4 号图纸。

(11) 用合适的材料按照本人设计的技术参数制作出一台机构模型,并检验是否达到预定的目标。

【实践项目 A5】
"手压剪切机构的设计与制作项目"任务书

1. 项目目的

通过完成本项目,进而完成本书模块 1~模块 4 学习任务。

2. 机构原理

如图 A-5 所示,当施工者在 B 点对杠杆 ACB 施加压力 P 时,拉动连杆 AE 向上,使得刀刃 EDF 向下剪切钢筋 F。

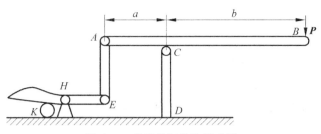

图 A-5 手压剪切机构示意图

3. 项目目标

1）实现使用功能

设施工者的压力 $P=400\text{N}$，被剪切钢筋的极限剪应力 $\tau_b=220\text{MPa}$。要求所设计的机构能够切断最小直径为 d 的钢筋。

为了有利于培养同学们的独立思考和创新能力，把一个班分为若干小组，每组 4~6 人为宜，分别取最小直径 $d=5\text{mm}$、8mm、10mm、12mm、15mm、18mm、20mm、23mm、25mm、28mm。

2）满足安全性和经济性

机构中各构件既具备足够的承载力，以保证机构能够安全可靠地使用，同时又满足经济性原则。

4. 工作任务

（1）写出一份正式设计说明书。

（2）画出一张正式 4 号图纸。

（3）制作出一台机构模型，并检验能否达到预定的目标。

5. 工作步骤

（1）观察整个机构示意图并拆卸开来，对各构件间的连接（接触）进行观察分析，说明整个机构的构件组成，并说明各处连接（接触）可归纳简化为何种常见约束类型。开始书写设计说明书（草稿）。

（2）对机构中各构件进行受力分析并画出受力图。续写设计说明书（草稿）。

（3）在受力图上，选取杠杆 ACB 进行力投影和力矩分析计算的能力训练。续写设计说明书（草稿）。

（4）应用力系平衡总则，各组按照不同的钢筋最小直径 d，初步设计确定各构件长度尺寸和其他尺寸。续写设计说明书（草稿），并用 4 号图纸画出机构简图（草图）。

（5）分析说明各构件的变形形式及应具备何种承载力。续写设计说明书（草稿）。

（6）分别为连杆 AE 和构件 CD 选择合适的钢材，按照轴向拉压强度条件（注意压杆的稳定性）设计确定两杆的横截面尺寸。分析说明及计算两杆的拉伸/压缩变形。续写设计说明书（草稿）。

（7）按照剪切和挤压强度条件分别设计确定 A、D、E 三处连接销轴的直径。续写设计说明书（草稿）。

(8) 分别为杠杆 ACB 和刀刃 EDF 选择合适的钢材,按照合适的强度条件设计确定横截面尺寸。完成设计说明书(草稿)。

(9) 全面检查修改设计说明书(草稿),之后重新写成正式的设计说明书。

(10) 全面检查修改机构简图(草图),之后重新画成正式的 4 号图纸。

(11) 用合适的材料按照本人设计的技术参数制作出一台机构模型,并检验是否达到预定的目标。

【实践项目 A6】
"手拉剪切机构的设计与制作项目"任务书

1. 项目目的

通过完成本项目,进而完成本书模块 1~模块 4 学习任务。

2. 机构原理

如图 A-6 所示,当施工者在 A 点对手柄 AEB 施加水平力 F 时,拉动连杆 DE,进而带动杠杆 DHC 向右摆动,使得杠杆 DHC 上的水平刀刃 CH 向下剪切钢筋 H。机构中的 C、H、E 处于同一水平线上。

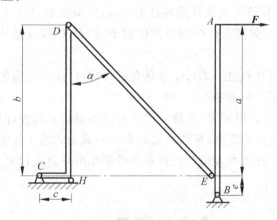

图 A-6 手拉剪切机构示意图

3. 项目目标

1) 实现使用功能

设施工者的人力 $F=150\text{N}$,所设计的手拉剪切机构能够产生的最小剪切力为 Q。

为了有利于培养同学们的独立思考和创新能力,把全班分为若干小组,每组 4~6 人为宜,分别取最小剪切力 $Q=2200\text{N}$、3000N、3400N、3800N、4400N、5000N、6000N、6500N、7000N、8000N。

2) 满足安全性和经济性

机构中各构件既具备足够的承载力,以保证机构能够安全可靠地使用,同时又满足经济性原则。

4. 工作任务

(1) 写出一份正式设计说明书。

(2) 画出一张正式4号图纸。

(3) 制作出一台机构模型,并检验能否达到预定的目标。

5. 工作步骤

(1) 观察整个机构示意图并拆卸开来,对各构件间的连接(接触)进行观察分析,说明整个机构的构件组成,并说明各处连接(接触)可归纳简化为何种常见约束类型。开始书写设计说明书(草稿)。

(2) 对机构中各构件进行受力分析并画出受力图。续写设计说明书(草稿)。

(3) 在受力图上,选取手柄 AEB 和杠杆 DHC 进行力投影和力矩分析计算的能力训练。续写设计说明书(草稿)。

(4) 应用力系平衡总则,各组按照不同的最小剪切力 Q,初步设计确定各构件长度尺寸和其他参数。续写设计说明书(草稿),并用4号图纸画出机构简图(草图)。

(5) 分析说明各构件的变形形式及应具备何种承载力。续写设计说明书(草稿)。

(6) 为连杆 DE 选择合适的钢材,按照轴向拉压强度条件(注意压杆的稳定性)设计确定连杆的横截面尺寸。分析说明及计算连杆的拉伸/压缩变形。续写设计说明书(草稿)。

(7) 按照剪切和挤压强度条件分别设计确定 B、E、D、C 四处连接销轴的直径。续写设计说明书(草稿)。

(8) 分别为手柄 AEB 和杠杆 DHC 选择合适的钢材,按照合适的强度条件设计确定横截面尺寸。完成设计说明书(草稿)。

(9) 全面检查修改设计说明书(草稿),之后重新写成正式的设计说明书。

(10) 全面检查修改机构简图(草图),之后重新画成正式的4号图纸。

(11) 用合适的材料按照本人设计的技术参数制作出一台机构模型,并检验是否达到预定的目标。

【实践项目 A7】
"颚式破碎机机构的设计与制作项目"任务书

1. 项目目的

通过完成本项目,进而完成本书模块1~模块4学习任务。

2. 机构原理

如图 A-7 所示,当曲柄 OE 在驱动力偶 M 作用下转动时,拉动连杆 EC,进而使得两条连杆 CB 和 CD 趋向水平,最终推动颚板 AB 对矿石施加破碎力 F。

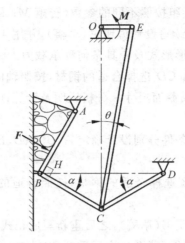

图 A-7 颚式破碎机机构示意图

3. 项目目标

1) 实现使用功能

设曲柄 OE 上的转矩为 M，所设计的机构能够产生的最小破碎力为 F。

为了有利于培养同学们的独立思考和创新能力，把全班分为若干小组，每组 4～6 人为宜，各组参数见表 A-4。

表 A-4 机构参数

转矩 $M/\text{N}\cdot\text{m}$	最小破碎力 F/N	转矩 $M/\text{N}\cdot\text{m}$	最小破碎力 F/N
100	1000、1200、1600、2000	200	1400、1900、2300、2500
150	1300、1500、1800、2200		

2) 满足安全性和经济性

机构中各构件既具备足够的承载力，以保证机构能够安全可靠地使用，同时又满足经济性原则。

4. 工作任务

(1) 写出一份正式设计说明书。

(2) 画出一张正式 4 号图纸。

(3) 制作出一台机构模型，并检验能否达到预定的目标。

5. 工作步骤

(1) 观察机构示意图并将整个机构拆开，对各构件间的连接（接触）进行观察分析，说明整个机构的构件组成，并说明各处连接（接触）可归纳简化为何种常见约束类型。开始书写设计说明书（草稿）。

(2) 对机构中各构件进行受力分析并画出受力图。续写设计说明书（草稿）。

(3) 在受力图上，选取铰 C 和颚板 AB 进行力投影和力矩分析计算的能力训练。

(4) 应用力系平衡总则,各组按照不同的参数(转矩 M;最小破碎力 F),初步设计确定各构件长度尺寸和其他参数。续写设计说明书(草稿),并用 4 号图纸画出机构简图(草图)。

(5) 分析说明各构件的变形形式及应具备何种承载力。续写设计说明书(草稿)。

(6) 为三条连杆 EC、CB 和 CD 选择合适的钢材,按照轴向拉伸/压缩强度条件(注意压杆的稳定性)设计确定连杆的横截面尺寸。分析说明及计算连杆的拉伸/压缩变形。续写设计说明书(草稿)。

(7) 按照剪切和挤压强度条件分别设计确定 A、B、C、D、E、O 六处连接螺栓(销钉)的直径。续写设计说明书(草稿)。

(8) 为曲柄 OE 和颚板 AB 选择合适的钢材,按照合适的强度条件设计确定横截面尺寸。完成设计说明书(草稿)。

(9) 全面检查修改设计说明书(草稿),之后重新写成正式的设计说明书。

(10) 全面检查修改机构简图(草图),之后重新画成正式的 4 号图纸。

(11) 用合适的材料按照本人设计的技术参数制作出一台机构模型,并检验是否达到预定的目标。

【实践项目 A8】
"油压抱闸制动机构的设计与制作项目"任务书

1. 项目目的

通过完成本项目,进而完成本书模块 1~模块 4 学习任务。

2. 机构原理

如图 A-8 所示,油压缸内产生油压力 P 驱动活塞向右移动,通过铰链 H 使得 HA、HD 两连杆趋向水平,进而带动杠杆 ABC 和 DEF 分别绕 B 和 E 轴转动,从而上下抱紧轮 O 进行制动。

当油压缸放油时,油压力消失,杠杆可放松轮 O。

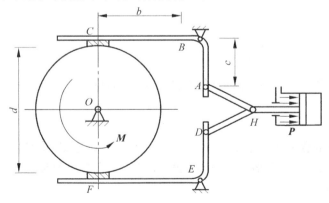

图 A-8 油压抱闸机构示意图

3. 项目目标

1) 实现使用功能

已知油压 $p=1.0 \text{Mpa}$,活塞直径 $D=45\text{mm}$。制动块与轮子间的摩擦系数 $f=0.3$。要求机构能对轮 O 产生最小制动力矩 M。

为了有利于培养同学们的独立思考和创新能力,把全班分为若干小组,每组 4~6 人为宜,分别取最小制动力矩 $M=10\text{N}\cdot\text{m}$、$14\text{N}\cdot\text{m}$、$18\text{N}\cdot\text{m}$、$25\text{N}\cdot\text{m}$、$28\text{N}\cdot\text{m}$、$35\text{N}\cdot\text{m}$、$40\text{N}\cdot\text{m}$、$45\text{N}\cdot\text{m}$、$52\text{N}\cdot\text{m}$、$60\text{N}\cdot\text{m}$ 等。

2) 满足安全性和经济性

机构中的各构件既具备足够的承载力,以保证机构能够安全可靠地使用,同时又满足经济性原则。

4. 工作任务

(1) 写出一份正式设计说明书。

(2) 画出一张正式 4 号图纸。

(3) 制作出一台机构模型,并检验能否达到预定的目标。

5. 工作步骤

(1) 观察整个机构示意图并拆卸开来,对各构件间的连接(接触)进行观察分析,说明整个机构的构件组成,并说明各处连接(接触)可归纳简化为何种常见约束类型。开始书写设计说明书(草稿)。

(2) 对机构中各构件进行受力分析并画出受力图。续写设计说明书(草稿)。

(3) 在受力图上,选取杠杆 ABC 进行力投影和力矩分析计算的能力训练。续写设计说明书(草稿)。

(4) 应用力系平衡总则,各组按照不同的最小制动力矩 M 初步设计确定各构件(活塞杆、两连 HA 和 HD 杆、杠杆 ABC)的长度尺寸和其他参数。续写设计说明书(草稿),并用 4 号图纸画出机构简图(草图)。

(5) 分析说明各构件的变形形式及应具备何种承载力。续写设计说明书(草稿)。

(6) 分别为活塞杆及两连杆 HA 和 HD 选择合适的钢材,按照轴向拉/压强度条件(注意压杆的稳定性)设计确定三杆的横截面尺寸。分析说明及计算三杆的拉/压变形。续写设计说明书(草稿)。

(7) 按照剪切和挤压强度条件分别设计确定 H、A、B 三处连接螺栓(销钉)的直径。续写设计说明书(草稿)。

(8) 为杠杆 ABC 选择合适的钢材,按照合适的强度条件设计确定横截面尺寸(宽度、厚度)。完成设计说明书(草稿)。

(9) 全面检查修改设计说明书(草稿),之后重新写成正式的设计说明书。

(10) 全面检查修改机构简图(草图),之后重新画成正式的 4 号图纸。

(11) 用合适的材料按照本人设计的技术参数制作出一台机构模型,并检验是否达到预定的目标。

【实践项目 A9】
"曲柄滑块式压榨机机构的设计与制作项目"任务书

1. 项目目的

通过完成本项目,进而完成本书模块 1～模块 4 学习任务。

2. 机构原理

如图 A-9 所示,当曲柄 OA 转动时,推动连杆 AB,进而使得杠杆 BDC 趋向水平,最终推动滑块 C 对工件产生压榨力 P。

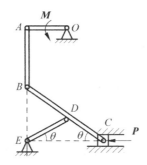

图 A-9 曲柄滑块式压榨机机构示意图

3. 项目目标

1) 实现使用功能

设曲柄 OA 上的转矩为 M,所设计的机构能够产生的最小压榨力为 P。

为了有利于培养同学们的独立思考和创新能力,把全班分为若干小组,每组 4～6 人为宜,各组参数见表 A-5。

表 A-5 机构参数

转矩 $M/\text{N·m}$	最小压榨力 P/N	转矩 $M/\text{N·m}$	最小压榨力 P/N
100	1000、1200、1600、2000	200	1400、1900、2300、2500
150	1300、1500、1800、2200		

2) 满足安全性和经济性

机构中各构件既具备足够的承载力,以保证机构能够安全可靠地使用,同时又满足经济性原则。

4. 工作任务

(1) 写出一份正式设计说明书。

(2) 画出一张正式 4 号图纸。

(3) 制作出一台机构模型,并检验能否达到预定的目标。

5. 工作步骤

(1) 观察机构示意图并将整个机构拆开,对各构件间的连接(接触)进行观察分析,说明整个机构的构件组成,并说明各处连接(接触)可归纳简化为何种常见约束类型。开始书写设计说明书(草稿)。

(2) 对机构中各构件进行受力分析并画出受力图。续写设计说明书(草稿)。

(3) 在受力图上,选取杠杆 BDC 进行力投影和力矩分析计算的能力训练。

(4) 应用力系平衡总则,各组按照不同的参数(转矩 M;最小压榨力 P),初步设计确定各构件长度尺寸和其他参数。续写设计说明书(草稿),并用4号图纸画出机构简图(草图)。

(5) 分析说明各构件的变形形式及应具备何种承载力。续写设计说明书(草稿)。

(6) 为两条连杆 AB 和 DE 选择合适的钢材,按照轴向拉压强度条件(注意压杆的稳定性)设计确定连杆的横截面尺寸。分析说明及计算连杆的拉伸/压缩变形。续写设计说明书(草稿)。

(7) 按照剪切和挤压强度条件分别设计确定 O、A、B、C、D、E 六处连接螺栓(销钉)的直径。续写设计说明书(草稿)。

(8) 为曲柄 OA 及杠杆 BDC 选择合适的钢材,按照合适的强度条件设计确定横截面尺寸。完成设计说明书(草稿)。

(9) 全面检查修改设计说明书(草稿),之后重新写成正式的设计说明书。

(10) 全面检查修改机构简图(草图),之后重新画成正式的4号图纸。

(11) 用合适的材料按照本人设计的技术参数制作出一台机构模型,并检验是否达到预定的目标。

【实践项目 A10】
"凸轮剪切机构的设计与制作项目"任务书

1. 项目目的

通过完成本项目,进而完成本书模块1~模块4学习任务。

2. 机构原理

如图A-10所示,当主动构件槽凸轮1绕定轴 O_1 转动时,带动杠杆2绕定轴 B 上下摆动,通过连杆5和6推拉上下刀刃3和4张开及闭合,进而剪切钢筋。

3. 项目目标

1) 实现使用功能

设槽凸轮1对杠杆2的作用力 $F_A = 4$kN,被剪切钢筋的极限剪应力 $\tau_b = 250$MPa。要求所设计的凸轮剪切机构能够切断最小直径为 d 的钢筋。

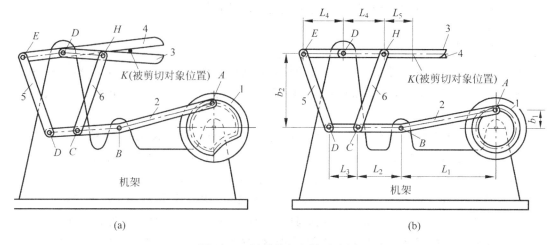

图 A-10　凸轮剪切机构示意图

为了有利于培养同学们的独立思考和创新能力,建议把全班分为若干小组,每组 4～6 人为宜,分别取钢筋最小直径 $d=3\mathrm{mm}$、$5\mathrm{mm}$、$7\mathrm{mm}$、$8\mathrm{mm}$、$10\mathrm{mm}$、$12\mathrm{mm}$、$15\mathrm{mm}$、$18\mathrm{mm}$、$20\mathrm{mm}$、$22\mathrm{mm}$ 等。

2) 满足安全性和经济性

机构中各构件既具备足够的承载力,以保证机构能够安全可靠的使用,同时又满足经济性原则。

4. 工作任务

(1) 写出一份正式设计说明书。

(2) 画出一张正式 4 号图纸。

(3) 制作出一台机构模型,并检验能否达到预定的目标。

5. 工作步骤

(1) 观察机构示意图并将整个机构拆开,对各构件间的连接(接触)进行观察分析,说明整个机构的构件组成,并说明各处连接(接触)可归纳简化为何种常见约束类型。开始书写设计说明书(草稿)。

(2) 对各构件进行受力分析并画出受力图。续写设计说明书(草稿)。

(3) 在机构的受力图上,选取杠杆 2 进行力投影和力矩分析计算的能力训练。续写设计说明书(草稿)。

(4) 应用力系平衡总则,各组按照不同的参数(钢筋最小直径 d),初步设计确定各构件长度尺寸和其他尺寸。续写设计说明书(草稿),并用 4 号图纸画出机构简图(草图)。

(5) 分析说明各构件的变形形式及应具备何种承载力。续写设计说明书(草稿)。

(6) 分别为构件 5(连杆 DE)和构件 6(连杆 CH)选择合适的钢材,按照轴向拉压强度条件(注意压杆的稳定性)设计确定两杆的横截面尺寸。分析说明及计算两杆的拉伸/压缩变形。续写设计说明书(草稿)。

(7) 按照剪切和挤压强度条件分别设计确定 B、C、D、E、O、H 六处连接螺栓(销钉)的直径。续写设计说明书(草稿)。

(8) 分别为杠杆 2(*ABCD*)、上刀刃 3(*EOK*)、下刀刃 4(*OHK*)选择合适的钢材,按照合适的强度条件设计确定横截面尺寸。完成设计说明书(草稿)。

(9) 全面检查修改设计说明书(草稿),之后重新写成正式的设计说明书。

(10) 全面检查修改机构简图(草图),之后重新画成正式的 4 号图纸。

(11) 用合适的材料按照本人设计的技术参数制作出一台机构模型,并检验是否达到预定的目标。

附录 B

"双杠杆手动式冲压机机构的设计与制作项目"设计说明书

【工作步骤1】 观察如图 B-1 所示机构示意图,将整个机构拆开如图 B-2 所示机构分离体图,可见整个机构由 5 个构件组成:手柄(杠杆)ABO_1、两条连杆 BC 和 DE、杠杆 CDO_2、冲头 H(滑块)。

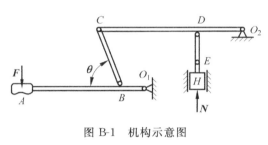

图 B-1 机构示意图

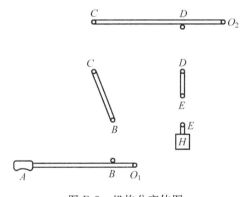

图 B-2 机构分离体图

对各构件间各处连接(接触)进行认真观察思考后可知:
- 所有接触处均是光滑接触约束(不考虑摩擦)。
- 手柄(杠杆)ABO_1 和杠杆 CDO_2 分别绕定轴 O_1 和 O_2 转动,所以 O_1 和 O_2 两点均是固定铰链支座。
- B、C、D、E 四点是均为中间铰链。

【工作步骤2】 对机构中各构件进行受力分析并画出受力图。
- 首先观察两连杆 BC 和 DE,两杆均符合"不计自重的刚性杆,其两端是铰链,杆件两端之间无外力"的特征,因此判定两杆均为链杆(二力杆)。所以按二力杆的受力特性画出其受力图。BC 是拉杆,拉力为 F_1;而 DE 是压杆,压力为 F_2。

注意:虽然 B、C、D、E 四点均是中间铰链,但由于已按二力杆受力特性画出三条连杆的压力,故上述四点不可按固定铰链和中间铰链画成两个正交约束力 F_x、F_y。

- O_1 和 O_2 两点均是固定铰链支座,应各有两个正交约束力 F_x 和 F_y。

根据以上分析,画出如图 B-3 所示各构件受力图。

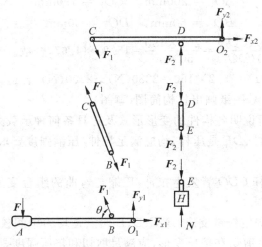

图 B-3 各构件受力图

【**工作步骤3**】 在如图 B-3 所示各构件受力图上,选取手柄 ABO_1 进行力投影和力矩分析计算。

$$\sum F_x = -F_1 \cdot \cos\theta + F_{x1}, \quad \sum F_y = -F + F_1 \cdot \sin\theta + F_{y1}$$
$$M_{O_1}(F) = F(AO_1) - F_1 \cdot \sin\theta(BO_1)$$
$$M_A(F) = F_1 \cdot \sin\theta(AB) + F_{y1}(AO_1)$$

【**工作步骤4**】 应用力系平衡总则,按照参数:人力 $F=150\text{N}$、最小冲压力 $N=2200\text{N}$,初步设计确定各构件长度尺寸和其他参数。

(1) 根据手柄 ABO_1 的受力图,列出平衡方程

$$\sum M_{O_1}(F) = 0, \quad F \cdot (AO_1) - F_1 \cdot \sin\theta \cdot (BO_1) = 0 \tag{B-1}$$

(2) 根据杠杆 CDO_2 的受力图,列出平衡方程

$$\sum M_{O_2}(F) = 0, \quad F_1 \cdot \sin\theta \cdot (CO_2) - F_2 \cdot (DO_2) = 0 \tag{B-2}$$

(3) 根据冲头(滑块) H 的受力图,列出平衡方程

冲头(滑块) H 受到的反作用力 N:

$$F_2 = N \tag{B-3}$$

综合以上各式得静力放大系数 K:

$$K = \frac{N}{F} = \frac{F_2}{F} = \frac{(AO_1)(CO_2)}{(BO_1)(DO_2)}。可见与角度 \theta 无关。\tag{B-4}$$

冲压力 N:

$$N = F_2 = KF$$

(4) 设计计算机构尺寸

按照参数：人力 $F=150$N，最小冲压力 $N=2200$N。

静力放大系数是：
$$K = \frac{N}{F} = \frac{2200}{150} = 14.67$$

其他参数取值：
$$AO_1 = 200\text{mm}, \quad CO_2 = 190\text{mm}$$
$$BO_1 = 50\text{mm}, \quad DO_2 = 50\text{mm}$$

$K = \dfrac{N}{F} = \dfrac{F_2}{F} = \dfrac{(AO_1)(CO_2)}{(BO_1)(DO_2)} = \dfrac{200 \times 190}{50 \times 50} = 15.2 > 14.67$，合适。

最小冲压力：$N = KF = 15.2 \times 150 = 2280(\text{N}) > 2200(\text{N})$，合适。

根据以上参数，用4号图纸画出机构简图（草图）。

【工作步骤5】 分析说明各构件的变形形式及应具备何种承载力。

- 两连杆 BC 是拉杆、DE 是压杆，均应满足拉伸/压缩强度要求，而 DE 也存在压杆稳定性问题。
- 手柄 ABO_1 和杠杆 CDO_2 皆发生拉伸/压缩与弯曲的组合变形，应满足拉伸/压缩与弯曲组合强度要求。
- O_1、O_2 两点均是固定铰链支座，B、C、D、E 四点是均为中间铰链，其中的零件都是螺栓（销钉），都发生剪切和挤压变形，应满足剪切和挤压强度要求。

【工作步骤6】 为两条连杆 BC 和 DE 选择合适的钢材，按照轴向拉压强度条件（注意压杆的稳定性）设计确定连杆的横截面尺寸。分析说明及计算两连杆的拉伸/压缩变形。

(1) 设计两连杆的横截面尺寸

BC 拉力为 F_1，而 DE 压力为 F_2。

由前可知：冲压力 $N = F_2$，$N = KF = 15.2 \times 150 = 2280(\text{N})$。

由于两连杆均为二力杆，所以轴力也等于杆力。即 DE 杆的轴力是 2280N。

由式（B-1）可得：
$$F \cdot (AO_1) = F_1 \cdot \sin\theta \cdot (BO_1)$$

代入数据：$F = 150$N，$AO_1 = 200$mm，$BO_1 = 50$m，取角度 $\theta = 30°$：
$$150 \cdot 200 = F_1 \cdot \sin30° \cdot 50, \quad F_1 = 1200\text{N}$$

或者由式（B-2）可得：
$$F_1 \cdot \sin\theta \cdot (CO_2) - F_2 \cdot (DO_2) = 0$$

代入数据：$CO_2 = 190$mm，$DO_2 = 50$mm。

得：
$$F_1 \times 0.5 \times 190 - 2280 \times 50 = 0, \quad F_1 = 1200(\text{N})$$

即 BC 杆的轴力是 1200N。

参考课本，为了制造及装拆方便，两连杆均用普通碳钢 Q235 A 制作成圆形杆件，许用应力 $[\sigma] = 100$MPa。

两连杆长度取为：$BC = l_1 = 150(\text{mm})$，$DE = l_2 = 50(\text{mm})$。

由轴向拉压强度条件 $\sigma = \dfrac{F_N}{A} \leq [\sigma]$，即：$\sigma = \dfrac{F_N}{\dfrac{\pi d^2}{4}} \leq [\sigma]$。

可得：
$$d_1 \geqslant \sqrt{\frac{4F_N}{\pi[\sigma]}} = \sqrt{\frac{4\times 1200}{100\pi}} = \sqrt{15.287} = 3.91(\text{mm})$$

$$d_2 \geqslant \sqrt{\frac{4F_N}{\pi[\sigma]}} = \sqrt{\frac{4\times 2280}{100\pi}} = \sqrt{29.04} = 5.39(\text{mm})$$

取两连杆的直径均为 $d \geqslant 10\text{mm}$。

(2) 分析计算 DE 杆的压杆稳定性

BC 是拉杆，不存在失稳可能性。

DE 杆的惯性半径：

$$i = \sqrt{\frac{I}{A}} = \frac{d}{4} = \frac{10}{4} = 2.5(\text{mm})$$

DE 杆的两端均为铰链，所以支座系数 $\mu = 1$。

将有关参数代入柔度计算式得：

$$\lambda = \frac{\mu l}{i} = \frac{1\times 50}{2.5} = 20$$

查表 3-3 可知，Q235 A 钢的 $\lambda_s = 60, \lambda_p = 100$。所以：

$\lambda < 60$，DE 杆是小柔度杆（短粗杆），不会发生失稳现象。

(3) 应用虎克定律计算两连杆的拉伸/压缩变形量

BC 杆的拉伸变形：

$$\Delta l_1 = \frac{F_1 l_1}{EA_{BC}} = \frac{1200\times 150}{200\times 10^3 \times \frac{\pi(10)^2}{4}} = 0.107(\text{mm})$$

DE 杆的压缩变形：

$$\Delta l_2 = \frac{F_2 l_2}{EA_{DE}} = \frac{2280\times 50}{200\times 10^3 \times \frac{\pi(10)^2}{4}} = 0.085(\text{mm})$$

可见两连杆的拉伸/压缩的变形量都很微小。

【工作步骤7】 按照剪切和挤压强度条件分别设计确定 B、C、D、E、O_1、O_2 六处连接螺栓（销钉）的直径。

B、C 两处连接螺栓（销钉）的受力相同：$F_B = F_C = F_1 = 1200(\text{N})$。

D、E 两处连接螺栓（销钉）的受力相同：$F_D = F_E = F_2 = 2280(\text{N})$。

(1) 根据手柄 ABO_1 的受力图，列出平衡方程

$$\sum F_x = 0, \quad -F_1 \cdot \cos\theta + F_{x1} = 0, \quad F_{x1} = 1200\times 0.866 = 1039.2(\text{N})$$

$$\sum F_y = 0, \quad F_1 \cdot \sin\theta - F + F_{y1} = 0,$$

$$F_{y1} = -F_1 \cdot \sin\theta + F = 150 - 1200\times 0.5 = -450(\text{N})$$

合力 $F_{O1} = \sqrt{(F_{x1})^2 + (F_{y1})^2} = \sqrt{(1039.2)^2 + (-450)^2} = 1132.5(\text{N})$

此即 O_1 处连接螺栓（销钉）的受力。

(2) 根据杠杆 CDO_2 的受力图，列出平衡方程

$$\sum F_x = 0, \quad F_1 \cdot \cos\theta + F_{x2} = 0, \quad F_{x2} = -1200\times 0.866 = -1039.2(\text{N})$$

$$\sum F_y = 0, \quad -F_1 \cdot \sin\theta + F_2 + F_{y2} = 0$$

$$F_{y2} = F_1 \cdot \sin\theta - F_2 = 1200 \times 0.5 - 2280 = -1680(\text{N})$$

合力 $F_{O2} = \sqrt{(F_{x2})^2 + (F_{y2})^2} = \sqrt{(-1039.2)^2 + (-1680)^2} = 1975.5(\text{N})$

此即 O_2 处连接螺栓(销钉)的受力。

可见 D、E 两处连接螺栓(销钉)的受力是最大的：$F_D = F_E = F_2 = 2280(\text{N})$。

所以只需对 D、E 两处连接螺栓(销钉)的进行剪切和挤压强度计算。

参考课本，用普通碳钢 235 制作各个螺栓(销钉)，许用剪应力 $[\tau] = 80(\text{MPa})$，许用挤压应力 $[\sigma_{bs}] = 200(\text{MPa})$。

根据剪切强度设计螺栓直径：

$$\tau = \frac{F_s}{A} = \frac{F_s}{\frac{\pi}{4}d^2} \leqslant [\tau];$$

得：

$$d \geqslant \sqrt{\frac{4F_s}{\pi[\tau]}} = \sqrt{\frac{4 \times 2280}{80\pi}} = 6(\text{mm})$$

根据挤压强度设计螺栓直径：

$$\sigma_{bs} = \frac{F_{bs}}{A_{bs}} = \frac{F_{bs}}{hd} \leqslant [\sigma_{bs}]$$

由于两连杆的直径均为 $d \geqslant 10\text{mm}$，可将连杆的连接处 D、E 压扁为厚度为 $h = 6\text{mm}$。

得：

$$d \geqslant \frac{F_{bs}}{h[\sigma_{bs}]} = \frac{2280}{6 \times 200} = 2(\text{mm})$$

螺栓直径应选取以上两者中数值较大的，为了装拆方便，故取六处螺栓(销钉)的直径统一为 $d = 8\text{mm}$。

【**工作步骤 8**】 为手柄(杠杆)ABO_1 和杠杆 CDO_2 选择合适的钢材，按照合适的强度条件设计确定横截面尺寸。

(1) 手柄 ABO_1 的轴力及轴力图

AB 段无拉压变形，轴力为零。

BO_1 段有拉伸变形，轴力为：

$$F_{N1} = F_1 \cdot \cos\theta = F_{x1} = 1039.2(\text{N})$$

根据以上分析，画出如图 B-4 所示手柄 ABO_1 的轴力图。

(2) 手柄 ABO_1 的弯矩及弯矩图

A 和 O_1 点弯矩均为零：

$$M_A = M_{O1} = 0$$

$$M_B = -F(AB) = F_{y1}(BO_1) = -150 \times 150 = -450 \times 50 = -2250(\text{N} \cdot \text{mm})$$

根据以上分析，画出如图 B-5 所示手柄 ABO_1 弯矩图。

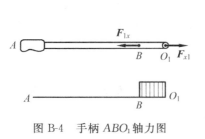

图 B-4 手柄 ABO_1 轴力图

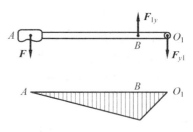

图 B-5 手柄 ABO_1 弯矩图

可见,手柄 ABO_1 的 BO_1 段发生拉伸和弯曲的组合变形,危险截面在 B 处。

(3) 杠杆 CDO_2 的轴力及轴力图

整段都有压缩变形,轴力为: $F_{N2} = F_1 \cdot \cos\theta = -F_{x2} = 1039.2(\mathrm{N})$。

根据以上分析,画出如图 B-6 所示杠杆 CDO_2 轴力图。

(4) 杠杆 CDO_2 的弯矩及弯矩图

C 和 O_2 点弯矩均为零:
$$M_C = M_{O_2} = 0$$
$$M_D = -F_1 \sin\theta \cdot (CD) = -1200 \times 0.5 \times 140 = -F_{y2} \cdot (DO_2)$$
$$= -1680 \times 50 = -84000 (\mathrm{N \cdot mm})$$

根据以上分析,画出如图 B-7 所示杠杆 CDO_2 弯矩图。

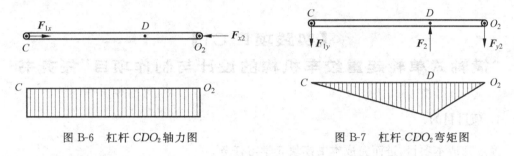

图 B-6 杠杆 CDO_2 轴力图　　　　图 B-7 杠杆 CDO_2 弯矩图

可见,杠杆 CDO_2 整段都发生压缩和弯曲的组合变形,危险截面在 D 处。

(5) 设计手柄 ABO_1 和杠杆 CDO_2 的横截面尺寸

为了制作方便,手柄和杠杆均用普通碳钢 Q235 A 制作成相同直径的圆形杆件,许用应力 $[\sigma] = 100 \mathrm{MPa}$。

手柄和杠杆的轴力是相同的,但杠杆的 D 点弯矩大。

由拉/压与弯曲组合强度条件:
$$\sigma_{\max} = \frac{|F_N|}{A} + \frac{|M|}{W_z} \leqslant [\sigma]$$

即
$$\sigma_{\max} = \frac{4F_N}{\pi d^2} + \frac{32M}{\pi d^3} \leqslant [\sigma]$$

虽然只有一个未知数 d,但难以计算,故先按弯曲强度进行设计:
$$\sigma_{\max} = 0 + \frac{32M}{\pi d^3} \leqslant [\sigma]$$

可得:
$$d \geqslant \sqrt[3]{\frac{32M}{\pi[\sigma]}} = \sqrt[3]{\frac{32 \times 84000}{100\pi}} = \sqrt[3]{8560.5} = 20.5 (\mathrm{mm})$$

放大取值 $d = 22 \mathrm{mm}$,再验算拉/压与弯曲的组合强度:
$$\sigma_{\max} = \frac{4 \times 1039.2}{\pi (22)^2} + \frac{32 \times 84000}{\pi (22)^3} = 2.7 + 80.4 = 83.1 \mathrm{MPa} < [\sigma]$$

故设计合理。

取手柄和杠杆的直径统一为 $d = 22 (\mathrm{mm})$。

【工作步骤9】 全面检查修改设计说明书(草稿),之后重新写成正式的设计说明书。

【工作步骤10】 全面检查修改机构简图(草图),之后重新画成正式的4号图纸。

附录 C

轮轴类实践项目

【实践项目 C1】
"横轴式单轮起重绞车机构的设计与制作项目"任务书

1. 项目目的

通过完成本项目,进而完成本书模块 5 学习任务。

2. 机构原理

如图 C-1 所示,由定滑轮 H 上重物 P 拉动轮 A 上的绳索,从而转动鼓轮轴 $ABCD$,并通过绕在鼓轮 C 上的绳索(钢丝绳)将重物 G 匀速提升起来。

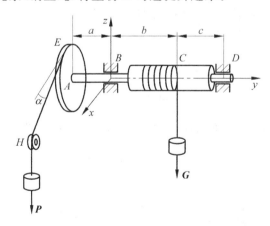

图 C-1 横轴式单轮绞车机构示意图

3. 项目目标

1) 实现使用功能

由重物 P 拉动绳索,转动轮轴 $ABCD$ 将重物 G 匀速提升起来。要求机构能产生 K 倍的提升力,即 $G=KP$(K 称为静力放大系数)。

为了有利于同学们的独立思考和创新能力,把全班分为若干小组,每组 4～6 人为宜,各组参数见表 C-1。

表 C-1 机构参数

重物 P/kN	静力放大系数 K	绳索倾角 α/(°)
2	4.5、6.0、9.0	20
3	5.0、6.5、8.0	25
4	5.5、7.5	30
5	4.0、7.0	35

注:α 角是绳索与水平线 x 轴的夹角。

2) 满足安全性和经济性

机构中的各构件既具备足够的承载力,以保证机构能够安全可靠地使用,同时又满足经济性原则。

4. 工作任务

(1) 写出一份正式设计说明书。

(2) 画出一张正式 4 号图纸。

(3) 制作出一台机构模型,并检验能否达到预定的目标。

5. 工作步骤

(1) 观察机构示意图并将整个机构拆开,对各构件间的连接(接触)进行观察分析,说明整个机构的构件组成,并说明各处连接(接触)可归纳简化为何种常见约束类型。开始书写设计说明书(草稿)。

(2) 对机构中各构件进行受力分析并画出受力图(按照轮轴类构件平面解法)。续写设计说明书(草稿)。

(3) 应用力系平衡总则,各组按照不同的参数(重物 P;静力放大系数 K;绳索倾角 α)初步设计确定单轮 A 直径 D_1 和鼓轮直径 D_2。续写设计说明书(草稿),并用 4 号图纸画出机构简图(草图)。

(4) 分析说明各构件的变形形式及应具备何种承载力。续写设计说明书(草稿)。

(5) 为鼓轮轴中的轴 $ABCD$ 选择合适钢材,按照合适的强度条件设计确定轴 $ABCD$ 的直径 d。完成设计说明书(草稿)。

(6) 全面检查修改设计说明书(草稿),之后重新写成正式的设计说明书。

(7) 全面检查修改机构简图(草图),之后重新画成正式的 4 号图纸。

(8) 用合适的材料按照本人设计的技术参数制作出一台机构模型,并检验是否达到预定的目标。

【实践项目 C2】
"横轴式齿轮起重绞车机构的设计与制作项目"任务书

1. 项目目的

通过完成本项目,进而完成本书模块 5 学习任务。

2. 机构原理

如图 C-2 所示,由小齿轮(图中未显示)施加作用力 F_n 驱动大齿轮 E,从而转动鼓轮轴 $ABCD$,并通过绕在鼓轮上的绳索(钢丝绳)将重物 G 匀速提升起来。

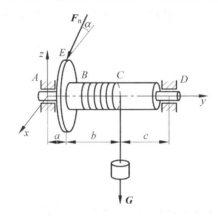

图 C-2 横轴式齿轮起重绞车机构示意图

3. 项目目标

1) 实现使用功能

对大齿轮作用力 F_n,转动鼓轮轴 $ABCD$,将重物 G 匀速提升起来。要求机构能产生 K 倍的提升力,即:$G=KF_n$(K 称为静力放大系数)。

为了有利于同学们的独立思考和创新能力,把全班分为若干小组,每组 4~6 人为宜,各组参数见表 C-2。

表 C-2 机构参数

大齿轮受力 F_n/kN	静力放大系数 K	大齿轮受力 F_n/kN	静力放大系数 K
2	4.5、6.0、7.5	4	5.5、7.5
3	5.0、6.5、8.0	5	4.0、7.0

2) 满足安全性和经济性

机构中的各构件既具备足够的承载力,以保证机构能够安全可靠地使用,同时又满足经济性原则。

4. 工作任务

(1) 写出一份正式设计说明书。

(2) 画出一张正式 4 号图纸。

(3) 制作出一台机构模型,并检验能否达到预定的目标。

5. 工作步骤

(1) 观察机构示意图并将整个机构拆开,对各构件间的连接(接触)进行观察分析,说明整个机构的构件组成,并说明各处连接(接触)可归纳简化为何种常见约束类型。开始书写设计说明书(草稿)。

(2) 对机构中各构件进行受力分析并画出受力图(按照轮轴类构件平面解法)。续写设计说明书(草稿)。

(3) 应用力系平衡总则,各组按照不同的参数(大齿轮受力 F_n;静力放大系数 K)初步设计确定大齿轮分度圆直径 D_1 和鼓轮直径 D_2。续写设计说明书(草稿),并用 4 号图纸画出机构简图(草图)。

(4) 分析说明各构件的变形形式及应具备何种承载力。续写设计说明书(草稿)。

(5) 为鼓轮轴中的轴 $ABCD$ 选择合适钢材,按照合适的强度条件设计确定轴 $ABCD$ 直径 d。完成设计说明书(草稿)。

(6) 全面检查修改设计说明书(草稿),之后重新写成正式的设计说明书。

(7) 全面检查修改机构简图(草图),之后重新画成正式的 4 号图纸。

(8) 用合适的材料按照本人设计的技术参数制作出一台机构模型,并检验是否达到预定的目标。

【实践项目 C3】
"带轮齿轮传动机构的设计与制作项目"任务书

1. 项目目的

通过完成本项目,进而完成本书模块 5 学习任务。

2. 机构原理

如图 C-3 所示,由电动机驱动小带轮,通过传动带带动大带轮 A,进而转动轮轴 $ABCD$,最终匀速转动齿轮 D。

3. 项目目标

1) 实现使用功能

电动机通过带传动,转动轮轴 $ABCD$,匀速转动齿轮。

为了有利于同学们的独立思考和创新能力,把全班分为若干小组,每组 4~6 人为宜,各组参数见表 C-3。

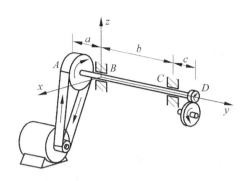

图 C-3 带轮齿轮传动机构示意图

表 C-3 机构参数

电机功率 W/kW	轮轴转速 n/(r/min)	齿轮啮合力 F_n/kN	传动带倾角 β/(°)
4	150	6	20
6	180	8	20
8	200	10	25
10	230	12	25
12	260	14	30
15	280	16	30
18	300	18	35
20	330	20	35
22	350	22	40
25	380	25	40

注：β 角是传动带与铅垂线 z 轴的夹角。

2）满足安全性和经济性

机构中的各构件既具备足够的承载力，以保证机构能够安全可靠地使用，同时又满足经济性原则。

4．工作任务

（1）写出一份正式设计说明书。

（2）画出一张正式 4 号图纸。

（3）制作出一台机构模型，并检验能否达到预定的目标。

5．工作步骤

（1）观察机构示意图并将整个机构拆开，对各构件间的连接（接触）进行观察分析，说明整个机构的构件组成，并说明各处连接（接触）可归纳简化为何种常见约束类型。开始书写设计说明书（草稿）。

（2）对机构中各构件进行受力分析并画出受力图（按照轮轴类构件平面解法）。续写设计说明书（草稿）。

（3）应用力系平衡总则，各组按照不同的参数（电机功率 W；轮轴转速 n；齿轮啮合力 F_n；传动带倾角 β）初步设计确定大带轮直径 D_1 和紧边、松边拉力（紧边拉力是松边拉力的

2倍：$T=2t$）及小齿轮 D 分度圆直径 D_2。续写设计说明书（草稿），并用4号图纸画出机构简图（草图）。

（4）分析说明各构件的变形形式及应具备何种承载力。续写设计说明书（草稿）。

（5）为轮轴中的轴 $ABCD$ 选择合适钢材，按照合适的强度条件设计确定轴 $ABCD$ 的直径 d。完成设计说明书（草稿）。

（6）全面检查修改设计说明书（草稿），之后重新写成正式的设计说明书。

（7）全面检查修改机构简图（草图），之后重新画成正式的4号图纸。

（8）用合适的材料按照本人设计的技术参数制作出一台机构模型，并检验是否达到预定的目标。

【实践项目C4】
"立轴式带轮提升机构的设计与制作项目"任务书

1. 项目目的

通过完成本项目，进而完成本书模块5学习任务。

2. 机构原理

如图C-4所示，由电动机（图中未显示）通过传动带驱动 A 处的大带轮，从而转动轮轴 $ABCD$，并通过绕在鼓轮上的绳索（钢丝绳）将重物 G 匀速提升起来。

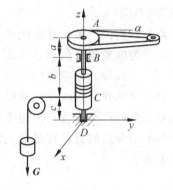

图C-4 立轴式带轮提升机构示意图

3. 项目目标

1）实现使用功能

由电动机通过传动带转动鼓轮轴 $ABCD$，将重物 G 匀速提升起来。

为了有利于同学们的独立思考和创新能力，把全班分为若干小组，每组4～6人为宜，各组参数见表C-4。

表C-4 机构参数

松边拉力 F_2/kN	重物 G/kN	传动带倾角 α/(°)
2	6、8、10	25
3	12、15、18	30
4	16、22	35
5	20、30	40

注：紧边拉力是松边拉力的2倍，即 $F_1=2F_2$；α 角是传动带与 y 轴的夹角。

2）满足安全性和经济性

机构中的各构件既具备足够的承载力，以保证机构能够安全可靠地使用，同时又满足经济性原则。

4. 工作任务

(1) 写出一份正式设计说明书。
(2) 画出一张正式 4 号图纸。
(3) 制作出一台机构模型,并检验能否达到预定的目标。

5. 工作步骤

(1) 观察机构示意图并将整个机构拆开,对各构件间的连接(接触)进行观察分析,说明整个机构的构件组成,并说明各处连接(接触)可归纳简化为何种常见约束类型。开始书写设计说明书(草稿)。

(2) 对机构中各构件进行受力分析并画出受力图(按照轮轴类构件平面解法)。续写设计说明书(草稿)。

(3) 应用力系平衡总则,各组按照不同的参数(松边拉力 F_2;重物 G;传动带倾角 α)初步设计确定大带轮直径 D_1 和鼓轮直径 D_2。续写设计说明书(草稿),并用 4 号图纸画出机构简图(草图)。

(4) 分析说明各构件的变形形式及应具备何种承载力。续写设计说明书(草稿)。

(5) 为鼓轮轴中的轴 ABCD 选择合适钢材,按照合适的强度条件设计确定轴 ABCD 的直径 d。完成设计说明书(草稿)。

(6) 全面检查修改设计说明书(草稿),之后重新写成正式的设计说明书。

(7) 全面检查修改机构简图(草图),之后重新画成正式的 4 号图纸。

(8) 用合适的材料按照本人设计的技术参数制作出一台机构模型,并检验是否达到预定的目标。

【实践项目 C5】
"四人绞盘提升机构的设计与制作项目"任务书

1. 项目目的

通过完成本项目,进而完成本书模块 5 学习任务。

2. 机构原理

如图 C-5 所示,由四个人共同对杠杆施力,从而转动鼓轮(连带主轴 AB),并通过绳索将小车 C 沿斜面匀速提升起来。

3. 项目目标

1) 实现使用功能

四人每人施加给杠杆的作用力 $P=300\text{N}$,机构可将重为 G 的小车沿斜面(倾角 α)匀速提升起来。鼓轮自重 $W=8\text{kN}$。

为了有利于同学们的独立思考和创新能力,把全班分为若干小组,每组 4~6 人为宜,各

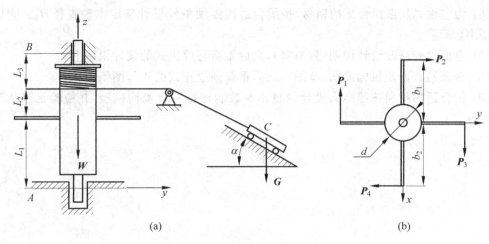

图 C-5 四人绞盘提升机构示意图

组参数见表 C-5。

表 C-5 机构参数

重物 G/kN	倾角 α/(°)	重物 G/kN	倾角 α/(°)
5、8、12	40	30、35	30
16、20、25	35	40、50	25

2) 满足安全性和经济性

机构中的各构件既具备足够的承载力,以保证机构能够安全可靠地使用,同时又满足经济性原则。

4. 工作任务

(1) 写出一份正式设计说明书。

(2) 画出一张正式 4 号图纸。

(3) 制作出一台机构模型,并检验能否达到预定的目标。

5. 工作步骤

(1) 观察整个机构示意图并拆卸开来,对各构件间的连接(接触)进行观察分析,说明整个机构的构件组成,并说明各处连接(接触)可归纳简化为何种常见约束类型。开始书写设计说明书(草稿)。

(2) 对机构中各构件进行受力分析并画出受力图(按照轮轴类构件平面解法)。续写设计说明书(草稿)。

(3) 应用力系平衡总则,各组按照不同的参数(重物 G;倾角 α)初步设计确定各构件有关参数。续写设计说明书(草稿),并用 4 号图纸画出机构简图(草图)。

(4) 分析说明各构件的变形形式及应具备何种承载力。续写设计说明书(草稿)。

(5) 为四条杠杆选择合适的钢材,按照合适的强度条件设计确定直径 d_2。续写设计说明书(草稿)。

（6）为主轴 AB 选择合适的钢材，按照合适的强度条件设计确定主轴直径 d_0。完成设计说明书（草稿）。

（7）全面检查修改设计说明书（草稿），之后重新写成正式的设计说明书。

（8）全面检查修改机构简图（草图），之后重新画成正式的 4 号图纸。

（9）用合适的材料按照本人设计的技术参数制作出一台机构模型，并检验是否达到预定的目标。

附录 D

"手摇绞车机构的设计与制作项目"设计说明书

【**工作步骤 1**】 观察如图 D-1 所示机构示意图,将整个机构拆开,可见整个机构由如下构件组成:两个手柄(原动件)、主动轴 $EABH$(连带齿轮 K),从动轴 CD(连带齿轮 J 和鼓轮 M)。

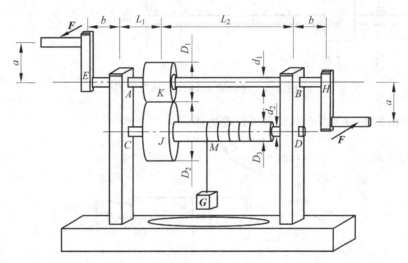

图 D-1 机构示意图

对各构件间各处连接(接触)进行认真观察思考后可知:

- 两个手柄与主动轴 $EABH$ 固结为一体。
- 主动轴与机架在 A 和 B 处是光滑铰链约束(轴承)。
- 从动轴与机架在 C 和 D 处是光滑铰链约束(轴承)。

A、B、C、D 四处各有两个相互垂直的约束反力(轴承反力)。

- 齿轮 K 和 J 之间为齿轮间相互啮合,也为光滑接触约束,有两组相互垂直的径向力和圆周力。
- 鼓轮与重物之间是绳索拉力。

没有其他类型的约束。

【**工作步骤 2**】 对各构件进行受力分析并画出受力图(按照轮轴类构件平面解法)。

根据以上分析,画出如图 D-2 所示主动轴 $EABH$ 受力图。

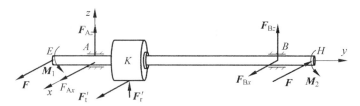

图 D-2 主动轴 EABH 受力图

按照轮轴类构件平面解法,画出如图 D-3 所示主动轴 EABH 三视受力图。

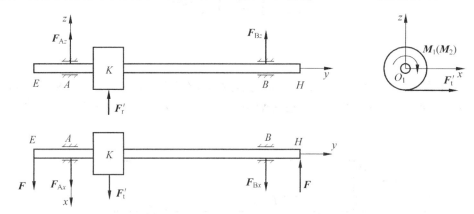

图 D-3 主动轴 EABH 三视受力图

同理,画出如图 D-4 所示从动轴 CD 受力图。

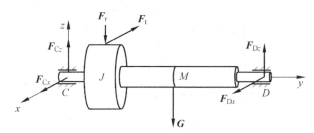

图 D-4 从动轴 CD 受力图

按照轮轴类构件平面解法,画出如图 D-5 所示从动轴 CD 三视受力图。

【工作步骤3】 应用力系平衡总则,我组按照静力放大系数 $k=10$ 初步设计确定各构件有关参数。

由主动轴 EABH 的转动平衡得:
$$2Fa = \frac{F_t D_1}{2}$$

由从动轴 CD 的转动平衡得:
$$\frac{F_t D_2}{2} = \frac{G D_3}{2}$$

综合可得:
$$\frac{G}{F} = 4\frac{aD_2}{D_1 D_3}$$

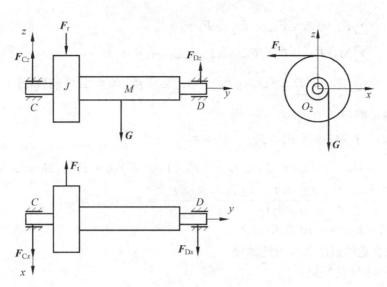

图 D-5 从动轴 CD 三视受力图

即

$$k = \frac{G}{F} = \frac{4aD_2}{D_1 D_3}$$

我组取静力放大系数 $k=10$；其他参数取：

手柄长度 $a=100$mm；

齿轮 1 和齿轮 2 的模数均为：$m=4$mm；

齿轮 1 和齿轮 2 的齿数分别为：$z_1=20$ 个，$z_2=100$ 个；

所以分度圆直径：$D_1=mz_1=80$mm，$D_2=mz_2=400$mm，鼓轮直径 $D_3=200$mm。

根据以上参数，用 4 号图纸画出机构简图（草图）。

【工作步骤 4】 分析说明各构件的变形形式及应具备何种承载力。

经认真观察分析主动轴和从动轴上述三视受力图可知：

- 主动轴 $EABH$ 既发生扭转变形也发生弯曲变形，应当具备足够的弯扭组合强度。
- 从动轴 CD 既发生扭转变形也发生弯曲变形，应当具备足够的弯扭组合强度。

【工作步骤 5】 为主动轴 $EABH$ 选择合适的钢材，按照合适的强度条件设计确定轴的直径。

为主动轴 $EABH$ 选择 45 钢，正火处理，$\sigma_b=600$MPa，其许用应力 $[\sigma]=55$MPa，$[\tau]=40$MPa，各部分尺寸为 $a=100$mm，$b=100$mm，$L_1=400$mm，$L_2=1100$mm。

已知手柄作用力 $F=200$N，则 $M_1=Fa=200\times100=20$N·m。

(1) 应用轮轴类构件平面解法进行平衡计算

参照如图 D-3 所示主动轴 $EABH$ 三视受力图。

由侧视图可得：

$$\sum \boldsymbol{M}_{O1}(\boldsymbol{F}) = 0, \quad F_t \times \frac{D_1}{2} - 2M_1 = 0$$

$$F_t = 1000\text{N}, \quad F_r = F_t\tan 20° = 364\text{N}$$

由主视图可得：

$$\sum F_z = 0, \quad F_{Az} + F_{Bz} + F_r = 0$$

$$\sum M_A(F) = 0, \quad F_{Bz} \times (L_1 + L_2) + F_r \times L_1 = 0$$

$$F_{Bz} = -\frac{F_r \times L_1}{L_1 + L_2} = -97\text{N}, \quad F_{Az} = -F_{Bz} - F_r = -267(\text{N})$$

由俯视图可得：

$$\sum F_x = 0, \quad F + F_{Ax} + F'_t + F_{Bx} - F = 0$$

$$\sum M_A(F) = 0, \quad -F_{Bx} \times (L_1 + L_2) - F'_t \times L_1 + F \times b + F \times (2b + L_1 + L_2) = 0$$

$$F_{Bx} = -\frac{F \times b + F \times (2b + L_1 + L_2) - F'_t \times L_1}{L_1 + L_2} = 26.67(\text{N})$$

$$F_{Ax} = -F'_t - F_{Bx} = -1026.67(\text{N})$$

（2）按照合适的强度条件设计轴径

主动轴 EABH 的扭矩：

$$T_1 = -m_1 = -20000(\text{N} \cdot \text{mm})$$
$$T_2 = m_1 = 20000(\text{N} \cdot \text{mm})$$

主动轴 EABH 的弯矩：

铅垂面：

$$M_{Az} = 0, \quad M_{Kz} = F_{Az} \times L_1 = -106800(\text{N} \cdot \text{mm}), \quad M_{Bz} = 0$$

水平面：

$$M_{Ex} = 0, \quad M_{Ax} = -F \times b = -20000(\text{N} \cdot \text{mm})$$
$$M_{Kx} = -F \times (b + L_1) - F_{Ax} \times L_1 = 310668(\text{N} \cdot \text{mm})$$
$$M_{Bx} = F \times b = 20000(\text{N} \cdot \text{mm}), \quad M_{Hx} = 0$$

根据以上分析，画出如图 D-6 所示主动轴 EABH 扭矩图和如图 D-7 所示主动轴 EABH 弯矩图。

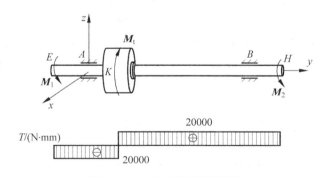

图 D-6 主动轴 EABH 扭矩图

根据内力图可知主动轴 EABH 的危险截面为 K，其合成弯矩为

$$M_K = \sqrt{M_{Kz}^2 + M_{Kx}^2} = \sqrt{(106800)^2 + (310668)^2} = 328513.08(\text{N} \cdot \text{mm})$$

按照弯扭组合强度条件（第三强度理论）设计确定 AKB 轴段直径 d_1：

$$\sigma_{r3} = \frac{1}{W_z}\sqrt{M_K^2 + T^2} \leqslant [\sigma]$$

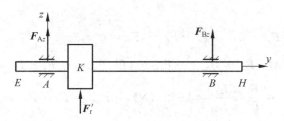

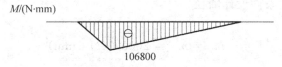

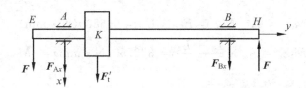

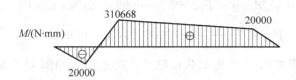

图 D-7 主动轴 $EABH$ 弯矩图

$$\sigma_{r3} = \frac{32}{\pi d_1^3}\sqrt{(328513.08)^2 + (20000)^2} \leqslant 55$$

$$d_1 \geqslant 39.36(\text{mm})$$

故取主动轴 $EABH$ 的轴径 $d_1 = 40\text{mm}$。

【工作步骤6】 为从动轴 CD 选择合适的钢材,按照合适的强度设计确定轴的直径。

为从动轴 CD 选择 45 钢,正火处理,$\sigma_b = 600\text{MPa}$,其许用应力 $[\sigma] = 55\text{MPa}$。

(1) 应用轮轴类构件平面解法进行平衡计算

参照如图 D-5 所示从动轴 CD 三视受力图:

已知

$$F_t = 1000\text{N}, \quad F_r = F_t\tan 20° = 364\text{N}$$

由侧视图可得:

$$\sum M_{O2}(F) = 0, \quad F_t \times \frac{D_2}{2} - G \times \frac{D_3}{2} = 0, G = 2000(\text{N})$$

由主视图可得(M 点位于从动轴 CD 中点):

$$\sum F_z = 0, \quad F_{Cz} + F_{Dz} - F_r - G = 0$$

$$\sum M_C(F) = 0, \quad F_{Dz} \times (L_1 + L_2) - F_r \times L_1 - G \times \frac{L_1 + L_2}{2} = 0$$

$$F_{Dz} = -\frac{F_r \times L_1 + G \times \frac{L_1 + L_2}{2}}{L_1 + L_2} = 97(\text{N}), \quad F_{Cz} = -F_{Dz} + F_r + G = 1267(\text{N})$$

由俯视图可得：

$$\sum F_x = 0, \quad F_{Cx} + F_{Dx} - F_t = 0$$

$$\sum M_C(F) = 0, \quad -F_{Dx} \times (L_1 + L_2) + F_t \times L_1 = 0$$

$$F_{Dx} = \frac{F_t \times L_1}{L_1 + L_2} = 266.7(\text{N}), \quad F_{Cx} = F_t - F_{Dx} = 733(\text{N})$$

（2）按照合适的强度条件设计轴径

从动轴 CD 的扭矩：

$$T = -m_t = m_G = 200000(\text{N} \cdot \text{mm})$$

从动轴 CD 的弯矩：

铅垂面：

$$M_{Cz} = 0, \quad M_{Jz} = F_{Cz} \times L_1 = 506800(\text{N} \cdot \text{mm})$$

$$M_{Mz} = F_{Dz} \times \frac{L_1 + L_2}{2} = 822750(\text{N} \cdot \text{mm}), \quad M_{Dz} = 0$$

水平面：

$$M_{Cx} = 0, \quad M_{Jx} = -F_{Cx} \times L_1 = -293320(\text{N} \cdot \text{mm})$$

$$M_{Gx} = -F_{Dx} \times \frac{L_1 + L_2}{2} = -200025(\text{N} \cdot \text{mm}), \quad M_{Dx} = 0$$

根据以上分析，画出如图 D-8 所示从动轴 CD 扭矩图和如图 D-9 所示从动轴 CD 弯矩图。

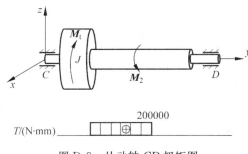

图 D-8　从动轴 CD 扭矩图

由上述内力图可见，要计算出 J 和 M 处的合成弯矩才可判断从动轴 CD 的危险截面：

$$M_J = \sqrt{M_{Jz}^2 + M_{Jx}^2} = \sqrt{(506800)^2 + (293320)^2} = 585562(\text{N} \cdot \text{mm})$$

$$M_M = \sqrt{M_{Mz}^2 + M_{Mx}^2} = \sqrt{(822750)^2 + (200025)^2} = 846715.75(\text{N} \cdot \text{mm})$$

由此可知从动轴 CD 的 M 截面为危险截面。

按照弯扭组合强度条件（第三强度理论）设计从动轴 CD 的直径 d_2。

$$\sigma_{r3} = \frac{1}{W_z}\sqrt{M_M^2 + T^2} \leqslant [\sigma]$$

$$\sigma_{r3} = \frac{32}{\pi d_2^3}\sqrt{(846715.75)^2 + (200000)^2} \leqslant 55$$

$$d_1 \geqslant 54.42(\text{mm})$$

故取轴径 $d_2 = 55\text{mm}$。

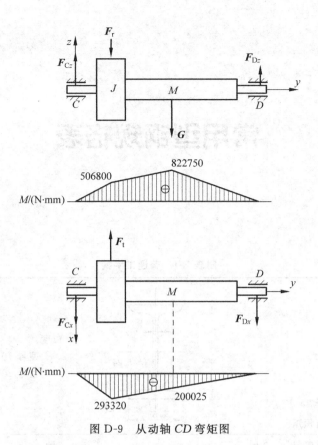

图 D-9　从动轴 CD 弯矩图

【工作步骤 7】　全面检查修改设计说明书（草稿），之后重新写成正式的设计说明书。

【工作步骤 8】　全面检查修改机构简图（草图），之后重新画成正式的 4 号图纸。

附录 E

常用型钢规格表

附表 E-1 普通工字钢

符号：
h—高度；
b—宽度；
t_w—腹板厚度；
t—翼缘平均厚度；
I—惯性矩；
W—截面模量；
i—回转半径；
S_x—半截面的面积矩。

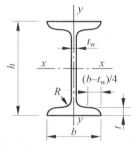

长度：
型号 10~18，长 5~19m；
型号 20~63，长 6~19m。

型号		尺寸/mm					截面面积 /cm²	理论重量 /(kg/m)	$x-x$ 轴				$y-y$ 轴		
		h	b	t_w	t	R			I_x /cm⁴	W_x /cm³	i_x /cm	I_x/S_x /cm	I_y /cm⁴	W_y /cm³	i_y /cm
10		100	68	4.5	7.6	6.5	14.3	11.2	245	49	4.14	8.69	33	9.6	1.51
12.6		126	74	5	8.4	7	18.1	14.2	488	77	5.19	11	47	12.7	1.61
14		140	80	5.5	9.1	7.5	21.5	16.9	712	102	5.75	12.2	64	16.1	1.73
16		160	88	6	9.9	8	26.1	20.5	1127	141	6.57	13.9	93	21.1	1.89
18		180	94	6.5	10.7	8.5	30.7	24.1	1699	185	7.37	15.4	123	26.2	2.00
20	a	200	100	7	11.4	9	35.5	27.9	2369	237	8.16	17.4	158	31.6	2.11
	b		102	9			39.5	31.1	2502	250	7.95	17.1	169	33.1	2.07
22	a	220	110	7.5	12.3	9.5	42.1	33	3406	310	8.99	19.2	226	41.1	2.32
	b		112	9.5			46.5	36.5	3583	326	8.78	18.9	240	42.9	2.27
25	a	250	116	8	13	10	48.5	38.1	5017	401	10.2	21.7	280	48.4	2.4
	b		118	10			53.5	42	5278	422	9.93	21.4	297	50.4	2.36
28	a	280	122	8.5	13.7	10.5	55.4	43.5	7115	508	11.3	24.3	344	56.4	2.49
	b		124	10.5			61	47.9	7481	534	11.1	24	364	58.7	2.44
32	a	320	130	9.5	15	11.5	67.1	52.7	11080	692	12.8	27.7	459	70.6	2.62
	b		132	11.5			73.5	57.7	11626	727	12.6	27.3	484	73.3	2.57
	c		134	13.5			79.9	62.7	12173	761	12.3	26.9	510	76.1	2.53

续表

型 号		尺寸/mm					截面面积 /cm²	理论重量 /(kg/m)	x—x 轴				y—y 轴		
		h	b	t_w	t	R			I_x /cm⁴	W_x /cm³	i_x /cm	I_x/S_x /cm	I_y /cm⁴	W_y /cm³	i_y /cm
36	a	360	136	10	15.8	12	76.4	60	15796	878	14.4	31	555	81.6	2.69
	b		138	12			83.6	65.6	16574	921	14.1	30.6	584	84.6	2.64
	c		140	14			90.8	71.3	17351	964	13.8	30.2	614	87.7	2.6
40	a	400	142	10.5	16.5	12.5	86.1	67.6	21714	1086	15.9	34.4	660	92.9	2.77
	b		144	12.5			94.1	73.8	22781	1139	15.6	33.9	693	96.2	2.71
	c		146	14.5			102	80.1	23847	1192	15.3	33.5	727	99.7	2.67
45	a	450	150	11.5	18	13.5	102	80.4	32241	1433	17.7	38.5	855	114	2.89
	b		152	13.5			111	87.4	33759	1500	17.4	38.1	895	118	2.84
	c		154	15.5			120	94.5	35278	1568	17.1	37.6	938	122	2.79
50	a	500	158	12	20	14	119	93.6	46472	1859	19.7	42.9	1122	142	3.07
	b		160	14			129	101	48556	1942	19.4	42.3	1171	146	3.01
	c		162	16			139	109	50639	2026	19.1	41.9	1224	151	2.96
56	a	560	166	12.5	21	14.5	135	106	65576	2342	22	47.9	1366	165	3.18
	b		168	14.5			147	115	68503	2447	21.6	47.3	1424	170	3.12
	c		170	16.5			158	124	71430	2551	21.3	46.8	1485	175	3.07

附表 E-2 普通槽钢

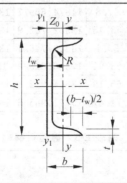

符号：
　同普通工字钢；
　但 W_y 为对应翼缘肢尖。

长度：
　型号 5~8，长 5~12m；
　型号 10~18，长 5~19m；
　型号 20~20，长 6~19m。

型 号		尺寸/mm					截面面积 /cm²	理论重量 /(kg/m)	x—x 轴			y—y 轴			y—y_1 轴	
		h	b	t_w	t	R			I_x /cm⁴	W_x /cm³	i_x /cm	I_y /cm⁴	W_y /cm³	i_y /cm	I_{y1} /cm⁴	Z_0 /cm
5		50	37	4.5	7	7	6.92	5.44	26	10.4	1.94	8.3	3.5	1.1	20.9	1.35
6.3		63	40	4.8	7.5	7.5	8.45	6.63	51	16.3	2.46	11.9	4.6	1.19	28.3	1.39
8		80	43	5	8	8	10.24	8.04	101	25.3	3.14	16.6	5.8	1.27	37.4	1.42
10		100	48	5.3	8.5	8.5	12.74	10	198	39.7	3.94	25.6	7.8	1.42	54.9	1.52
12.6		126	53	5.5	9	9	15.69	12.31	389	61.7	4.98	38	10.3	1.56	77.8	1.59
14	a	140	58	6	9.5	9.5	18.51	14.53	564	80.5	5.52	53.2	13	1.7	107.2	1.71
	b		60	8	9.5	9.5	21.31	16.73	609	87.1	5.35	61.2	14.1	1.69	120.6	1.67

续表

型号		尺寸/mm					截面面积/cm²	理论重量/(kg/m)	x—x 轴			y—y 轴			y—y₁ 轴	
		h	b	t_w	t	R			I_x/cm⁴	W_x/cm³	i_x/cm	I_y/cm⁴	W_y/cm³	i_y/cm	I_{y1}/cm⁴	Z_0/cm
16	a	160	63	6.5	10	10	21.95	17.23	866	108.3	6.28	73.4	16.3	1.83	144.1	1.79
	b		65	8.5	10	10	25.15	19.75	935	116.8	6.1	83.4	17.6	1.82	160.8	1.75
18	a	180	68	7	10.5	10.5	25.69	20.17	1273	141.4	7.04	98.6	20	1.96	189.7	1.88
	b		70	9	10.5	10.5	29.29	22.99	1370	152.2	6.84	111	21.5	1.95	210.1	1.84
20	a	200	73	7	11	11	28.83	22.63	1780	178	7.86	128	24.2	2.11	244	2.01
	b		75	9	11	11	32.83	25.77	1914	191.4	7.64	143.6	25.9	2.09	268.4	1.95
22	a	220	77	7	11.5	11.5	31.84	24.99	2394	217.6	8.67	157.8	28.2	2.23	298.2	2.1
	b		79	9	11.5	11.5	36.24	28.45	2571	233.8	8.42	176.5	30.1	2.21	326.3	2.03
25	a	250	78	7	12	12	34.91	27.4	3359	268.7	9.81	175.9	30.7	2.24	324.8	2.07
	b		80	9	12	12	39.91	31.33	3619	289.6	9.52	196.4	32.7	2.22	355.1	1.99
	c		82	11	12	12	44.91	35.25	3880	310.4	9.3	215.9	34.6	2.19	388.6	1.96
28	a	280	82	7.5	12.5	12.5	40.02	31.42	4753	339.5	10.9	217.9	35.7	2.33	393.3	2.09
	b		84	9.5	12.5	12.5	45.62	35.81	5118	365.6	10.59	241.5	37.9	2.3	428.5	2.02
	c		86	11.5	12.5	12.5	51.22	40.21	5484	391.7	10.35	264.1	40	2.27	467.3	1.99
32	a	320	88	8	14	14	48.5	38.07	7511	469.4	12.44	304.7	46.4	2.51	547.5	2.24
	b		90	10	14	14	54.9	43.1	8057	503.5	12.11	335.6	49.1	2.47	592.9	2.16
	c		92	12	14	14	61.3	48.12	8603	537.7	11.85	365	51.6	2.44	642.7	2.13
36	a	360	96	9	16	16	60.89	47.8	11874	659.7	13.96	455	63.6	2.73	818.5	2.44
	b		98	11	16	16	68.09	53.45	12652	702.9	13.63	496.7	66.9	2.7	880.5	2.37
	c		100	13	16	16	75.29	59.1	13429	746.1	13.36	536.6	70	2.67	948	2.34
40	a	400	100	10.5	18	18	75.04	58.91	17578	878.9	15.3	592	78.8	2.81	1057.9	2.49
	b		102	12.5	18	18	83.04	65.19	18644	932.2	14.98	640.6	82.6	2.78	1135.8	2.44
	c		104	14.5	18	18	91.04	71.47	19711	985.6	14.71	687.8	86.2	2.75	1220.3	2.42

附表 E-3 等边角钢

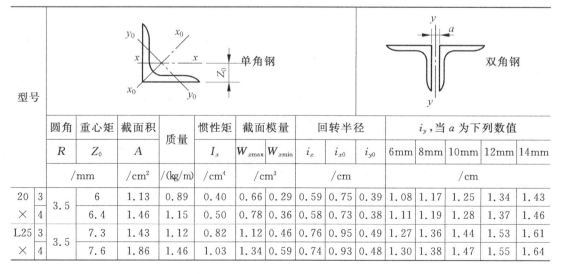

型号	圆角 R/mm	重心矩 Z_0/cm	截面积 A/cm²	质量/(kg/m)	惯性矩 I_x/cm⁴	截面模量		回转半径			i_y,当 a 为下列数值				
						W_{xmax}/cm³	W_{xmin}/cm³	i_x/cm	i_{x0}/cm	i_{y0}/cm	6mm	8mm	10mm	12mm	14mm
L20×	3	3.5	6	1.13	0.89	0.40	0.66	0.29	0.59	0.75	0.39	1.08	1.17	1.25	1.34	1.43
	4		6.4	1.46	1.15	0.50	0.78	0.36	0.58	0.73	0.38	1.11	1.19	1.28	1.37	1.46
L25×	3	3.5	7.3	1.43	1.12	0.82	1.12	0.46	0.76	0.95	0.49	1.27	1.36	1.44	1.53	1.61
	4		7.6	1.86	1.46	1.03	1.34	0.59	0.74	0.93	0.48	1.30	1.38	1.47	1.55	1.64

附录E 常用型钢规格表

续表

单角钢 / 双角钢

型号		圆角 R /mm	重心矩 Z_0 /mm	截面积 A /cm²	质量 /(kg/m)	惯性矩 I_x /cm⁴	截面模量 $W_{x\max}$ /cm³	截面模量 $W_{x\min}$ /cm³	回转半径 i_x /cm	回转半径 i_{x0} /cm	回转半径 i_{y0} /cm	i_y，当a为下列数值 6mm /cm	8mm	10mm	12mm	14mm
L30×	3	4.5	8.5	1.75	1.37	1.46	1.72	0.68	0.91	1.15	0.59	1.47	1.55	1.63	1.71	1.8
	4		8.9	2.28	1.79	1.84	2.08	0.87	0.90	1.13	0.58	1.49	1.57	1.65	1.74	1.82
L36×	3	4.5	10	2.11	1.66	2.58	2.59	0.99	1.11	1.39	0.71	1.70	1.78	1.86	1.94	2.03
	4		10.4	2.76	2.16	3.29	3.18	1.28	1.09	1.38	0.70	1.73	1.8	1.89	1.97	2.05
	5		10.7	2.38	2.65	3.95	3.68	1.56	1.08	1.36	0.70	1.75	1.83	1.91	1.99	2.08
L40×	3	5	10.9	2.36	1.85	3.59	3.28	1.23	1.23	1.55	0.79	1.86	1.94	2.01	2.09	2.18
	4		11.3	3.09	2.42	4.60	4.05	1.60	1.22	1.54	0.79	1.88	1.96	2.04	2.12	2.2
	5		11.7	3.79	2.98	5.53	4.72	1.96	1.21	1.52	0.78	1.90	1.98	2.06	2.14	2.23
L45×	3	5	12.2	2.66	2.09	5.17	4.25	1.58	1.39	1.76	0.90	2.06	2.14	2.21	2.29	2.37
	4		12.6	3.49	2.74	6.65	5.29	2.05	1.38	1.74	0.89	2.08	2.16	2.24	2.32	2.4
	5		13	4.29	3.37	8.04	6.20	2.51	1.37	1.72	0.88	2.10	2.18	2.26	2.34	2.42
	6		13.3	5.08	3.99	9.33	6.99	2.95	1.36	1.71	0.88	2.12	2.2	2.28	2.36	2.44
L50×	3	5.5	13.4	2.97	2.33	7.18	5.36	1.96	1.55	1.96	1.00	2.26	2.33	2.41	2.48	2.56
	4		13.8	3.90	3.06	9.26	6.70	2.56	1.54	1.94	0.99	2.28	2.36	2.43	2.51	2.59
	5		14.2	4.80	3.77	11.21	7.90	3.13	1.53	1.92	0.98	2.30	2.38	2.45	2.53	2.61
	6		14.6	5.69	4.46	13.05	8.95	3.68	1.51	1.91	0.98	2.32	2.4	2.48	2.56	2.64
L56×	3	6	14.8	3.34	2.62	10.19	6.86	2.48	1.75	2.2	1.13	2.50	2.57	2.64	2.72	2.8
	4		15.3	4.39	3.45	13.18	8.63	3.24	1.73	2.18	1.11	2.52	2.59	2.67	2.74	2.82
	5		15.7	5.42	4.25	16.02	10.22	3.97	1.72	2.17	1.10	2.54	2.61	2.69	2.77	2.85
	8		16.8	8.37	6.57	23.63	14.06	6.03	1.68	2.11	1.09	2.60	2.67	2.75	2.83	2.91
L63×	4	7	17	4.98	3.91	19.03	11.22	4.13	1.96	2.46	1.26	2.79	2.87	2.94	3.02	3.09
	5		17.4	6.14	4.82	23.17	13.33	5.08	1.94	2.45	1.25	2.82	2.89	2.96	3.04	3.12
	6		17.8	7.29	5.72	27.12	15.26	6.00	1.93	2.43	1.24	2.83	2.91	2.98	3.06	3.14
	8		18.5	9.51	7.47	34.45	18.59	7.75	1.90	2.39	1.23	2.87	2.95	3.03	3.1	3.18
	10		19.3	11.66	9.15	41.09	21.34	9.39	1.88	2.36	1.22	2.91	2.99	3.07	3.15	3.23
L70×	4	8	18.6	5.57	4.37	26.39	14.16	5.14	2.18	2.74	1.4	3.07	3.14	3.21	3.29	3.36
	5		19.1	6.88	5.40	32.21	16.89	6.32	2.16	2.73	1.39	3.09	3.16	3.24	3.31	3.39
	6		19.5	8.16	6.41	37.77	19.39	7.48	2.15	2.71	1.38	3.11	3.18	3.26	3.33	3.41
	7		19.9	9.42	7.40	43.09	21.68	8.59	2.14	2.69	1.38	3.13	3.2	3.28	3.36	3.43
	8		20.3	10.67	8.37	48.17	23.79	9.68	2.13	2.68	1.37	3.15	3.22	3.30	3.38	3.46
L75×	5	9	20.3	7.41	5.82	39.96	19.73	7.30	2.32	2.92	1.5	3.29	3.36	3.43	3.5	3.58
	6		20.7	8.80	6.91	46.91	22.69	8.63	2.31	2.91	1.49	3.31	3.38	3.45	3.53	3.6
	7		21.1	10.16	7.98	53.57	25.42	9.93	2.30	2.89	1.48	3.33	3.4	3.47	3.55	3.63
	8		21.5	11.50	9.03	59.96	27.93	11.2	2.28	2.87	1.47	3.35	3.42	3.50	3.57	3.65
	10		22.2	14.13	11.09	71.98	32.40	13.64	2.26	2.84	1.46	3.38	3.46	3.54	3.61	3.69
L80×	5	9	21.5	7.91	6.21	48.79	22.70	8.34	2.48	3.13	1.6	3.49	3.56	3.63	3.71	3.78
	6		21.9	9.40	7.38	57.35	26.16	9.87	2.47	3.11	1.59	3.51	3.58	3.65	3.73	3.8
	7		22.3	10.86	8.53	65.58	29.38	11.37	2.46	3.1	1.58	3.53	3.60	3.67	3.75	3.83
	8		22.7	12.30	9.66	73.50	32.36	12.83	2.44	3.08	1.57	3.55	3.62	3.70	3.77	3.85
	10		23.5	15.13	11.87	88.43	37.68	15.64	2.42	3.04	1.56	3.58	3.66	3.74	3.81	3.89

附录 F

常用金属材料及其主要力学性能

附表 F-1　常用金属材料及其主要力学性能

材 料 牌 号	热处理	硬度/HBS	强度极限 σ_b/MPa	屈服极限 σ_s/MPa
普通碳素结构钢 Q195			315~390	195
普通碳素结构钢 Q215			335~450	215
普通碳素结构钢 Q235			375~460	235
普通碳素结构钢 Q255			410~550	255
普通碳素结构钢 Q275			490~630	275
低合金结构钢 Q295			390~570	295
低合金结构钢 Q345			470~630	345
低合金结构钢 Q390			490~650	390
低合金结构钢 Q420			520~680	420
低合金结构钢 Q490			550~720	490
优质碳素结构钢 35	正火	≤87	540	320
	正火回火	137~187	480	240
	调质	156~207	550	290
优质碳素结构钢 45	正火	≤240	600	300
	正火回火	162~217	580	290
	调质	217~255	650	360
优质碳素结构钢 50	未处理	241	630	375
	退火	207		
优质碳素结构钢 55	未处理	255	645	380
	退火	217		
合金钢 40Cr	调质	241~266	700	550
合金钢 35SiMn		217~269	750	450
合金钢 30CrMnSi		310~360	1100	900
合金钢 20Cr	渗碳淬火 回火	表面 50~60HRC	650	400
合金钢 40CrNi	退火或高温回火	197	785	590
合金钢 20CrMnTi	渗碳淬火 回火	表面 56~62HRC	1100	850
合金钢 20CrMnSi	退火或高温回火	207	785	635
合金钢 20SiMn2MoV	退火或高温回火	269	1380	—

续表

材料牌号	热处理	硬度/HBS	强度极限 σ_b/MPa	屈服极限 σ_s/MPa
球墨铸铁 QT400-18		130~180	400	250
球墨铸铁 QT600-3		190~270	600	370
球墨铸铁 QT800-2		245~335	800	480
球墨铸铁 QT900-2		280~360	900	600
灰口铸铁 HT150		120~180	150	
灰口铸铁 HT250		160~250	250	
灰口铸铁 HT300		180~270	300	
灰口铸铁 HT350		200~300	350	

附表 F-2 螺纹连接件常用钢材料的力学性能

钢材料	抗拉极限 σ_b/MPa	屈服极限 σ_s/MPa	疲劳极限/MPa	
			弯曲 σ_{-1}	抗拉 σ_{-1r}
Q215	340~420	220		
Q235	410~470	240	170~220	120~160
35	540	320	220~300	170~220
45	610	360	250~340	190~250
40Cr	750~1000	650~900	320~440	240~340

附表 F-3 铰制孔螺栓的许用应力

类型	被连接件材料	剪切		挤压	
		许用应力	S	许用应力	S
静载荷	钢	$[\tau]=\dfrac{\sigma_s}{S}$	2.5	$[\sigma_p]=\dfrac{\sigma_s}{S}$	1.25
	铸铁			$[\sigma_p]=\dfrac{\sigma_s}{S}$	2~2.5
动载荷	钢、铸铁	$[\tau]=\dfrac{\sigma_s}{S}$	3.5~5	$[\sigma_p]$ 按静载荷取值的 70%~80% 计算	

附录 G

课后部分习题参考答案

模块 1

1. (a) BC 杆；(b) AB 杆；(c) AB 杆、BC 杆；(d) AC 杆；(e) BC 杆；(f) AB 杆、BC 杆。

2. (1) 三个力系；(2) 两个；(3) 两对。

3. (a) 正确；(b) 正确；(c) 不正确；(d) 不正确。

4. $F_{1x}=-173.2\text{N}, F_{1y}=100\text{N}$；$F_{2x}=0\text{N}, F_{2y}=-150\text{N}$；$F_{3x}=187.9\text{N}, F_{3y}=68.4\text{N}$；$F_{4x}=-50\text{N}, F_{1y}=86.6\text{N}$。

5. (a) $M_O(F)=0$；(b) $M_O(F)=F \cdot l$；(c) $M_O(F)=-F \cdot b$；(d) $M_O(F)=F \cdot l \cdot \sin\theta$；(e) $M_O(F)=F \cdot \sqrt{b^2+l^2} \cdot \sin\theta$；(f) $M_O(F)=F \cdot (l+r)$。

6. 不能说明一个力可以与一个力偶平衡，实际是因为轮心处向上的反力与力 F 构成一个力偶与 M 相平衡。

7. 力偶对 A、B、C 三点的力偶矩都为 M。

8. ~12. （略）。

模块 2

1. (a) $F_R=23.4\text{N}, \alpha=84.4°$；(b) $F_R=1114.9\text{N}, \alpha=22.5°$。

2. $F_{Rx}=8\text{kN}, F_{Ry}=6\text{kN}, F_R=10\text{kN}, \alpha=36°52, M_O=-12\text{kN}\cdot\text{m}, d=1.2\text{m}$。

3. $M_O=4\text{kN}\cdot\text{m}, F_R=3\text{kN}, d=1.33\text{m}$。

4. $F_{Ax}=17.3\text{kN}, F_{Ay}=4\text{kN}, F_B=6\text{kN}$。

5. $F_{Ax}=8.66\text{kN}, F_{Ay}=15\text{kN}, F_B=10\text{kN}$。

6. (a) $F_A=3.33\text{kN}, F_B=4.67\text{kN}$；(b) $F_A=-4\text{kN}, F_B=12\text{kN}$；(c) $F_A=3\text{kN}, F_B=13\text{kN}$；(d) $F_A=11.33\text{kN}, F_B=8.67\text{kN}$；(e) $F_A=12\text{kN}, F_B=-18\text{kN}$；(f) $F_A=16\text{kN}, M_A=18\text{kN}$；(g) $F_A=14\text{kN}, F_{Bx}=14\text{kN}, F_{By}=8\text{kN}$；(h) $F_{Ax}=0.8\text{kN}, F_{Ay}=6.6\text{kN}, F_B=1.6\text{kN}$。

7. $F_{Ax}=9.18\text{kN}, F_{Ay}=1.7\text{kN}, F_B=10.6\text{kN}$。

8. $F_A=-F_B=\dfrac{\sqrt{2}M}{2a}\text{kN}$，与 x 轴夹角 $45°$。

9. $F_C=F\text{tg}\alpha$。

10. $F_D=58.7\text{kN}$。

11. $F_A=10\text{kN}, F_{Bx}=F_{Cx}=0\text{kN}, F_{By}=20\text{kN}, F_{Cy}=35\text{kN}, M_C=-82.5\text{kN}$。

12. $m_2=10\text{kN}\cdot\text{m}, F_A=10\text{kN}, F_D=-10\text{kN}$，水平方向。

13. $F_{工件}=28.6F$。

14. $F_{AB}=\dfrac{G}{2}, F_{BC}=-\dfrac{\sqrt{3}}{2}G$。

15. $F_{Ax}=-1.15\text{kN}, F_{Ay}=2\text{kN}, F_B=2.31\text{kN}$。

16. $F_{BC}=192.4\text{kN}$。

17. $F_{Ay}=F_{By}=80\text{kN}, F_{Ax}=-F_{Bx}=40\text{kN}, F_{Cx}=40\text{kN}, F_{Cy}=0$。

18. (1) 不滑动，$F=56.56\text{N}$ (2) $F=94.3\text{N}$。

19. $\dfrac{\sin\alpha-f\cos\alpha}{\cos\alpha+f\sin\alpha}Q\leqslant P\leqslant\dfrac{\sin\alpha+f\cos\alpha}{\cos\alpha-f\sin\alpha}Q$。

20. $\alpha_{\max}=\arctan f=11.3°$。

21. $\alpha_{\min}=74.2°$。

22. $F_{1\min}=\dfrac{M(a-f_e)}{frL}$。

模块3

1. (a) 轴向拉伸；(b) 轴向压缩。

2. AB 杆是拉杆不宜选用铸铁，因其抗拉能力差；AC 杆是压杆可选用碳钢，因其抗拉压能力差不多；最好两者对调。

3. 材料(3)的强度高；材料(3)的刚度大；材料(1)的塑性好。

4. (略)。

5. $\Delta l=0.075\text{mm}$。

6. $\sigma=35\text{MPa}$。

7. $d_1\geqslant 22.59\text{mm}$。

8. $\sigma=37\text{MPa}<[\sigma]$，拉杆安全。

9. $[F]=40\text{kN}$。

10. $F_{cr}=2620\text{kN}, F_{cr}=2730\text{kN}, F_{cr}=3250\text{kN}$。

11. (1) $F_{cr}=54.5\text{kN}$，(2) $F_{cr}=89.1\text{kN}$，(3) $F_{cr}=352\text{kN}$。

12. $n=6.5>n_{st}$，安全。

13. $h\geqslant 223.6\text{kN}, c\geqslant 22.4\text{kN}$。

14. $\tau=22\text{MPa}<[\tau], \sigma_{bs}=73.6\text{MPa}<[\sigma_{bs}]$，平键安全。

15. $F\geqslant 235.5\text{kN}$。

16. $[F]=1099\text{kN}$。

17. $d/h=2.4$。

模块4

1. (略)。

2. (a) $F_{S1}=qa, M_1=-\dfrac{3}{2}qa^2; F_{S2}=qa, M_2=-\dfrac{1}{2}qa^2; F_{S3}=qa, M_3=-\dfrac{1}{2}qa^2; F_{S4}=$

$\frac{1}{2}qa, M_4=-\frac{1}{8}qa^2$;

(b) $F_{S1}=-qa, M_1=0; F_{S2}=-qa, M_2=-qa^2; F_{S3}=-qa, M_3=0; F_{S4}=qa, M_4=0$;

(c) $F_{S1}=qa, M_1=-qa^2; F_{S2}=qa, M_2=0; F_{S3}=0, M_3=0; F_{S4}=0, M_4=0$;

(d) $F_{S1}=-2qa, M_1=0; F_{S2}=-2qa, M_2=-2qa^2; F_{S3}=2qa, M_3=-2qa^2; F_{S4}=0$, $M_4=0$。

3．（略）。

4．（略）。

5．(1) $\sigma_D=-34.1\text{MPa}, \sigma_E=-18.2\text{MPa}, \sigma_F=0$,
$\sigma_H=34.1\text{MPa}$;

(2) $\sigma_{\max}=41\text{MPa}$；(3) 3 倍。

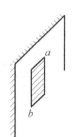

6．$\sigma_{\max}=141.8\text{MPa}, \tau_{\max}=17.2\text{MPa}$。

7．(1) 最大正应力 $|\sigma|_{\max}=9.98\text{MPa}$;

(2) $\sigma_{\max}^+$ 作用在 a 点，$\sigma_{\max}^-$ 作用在 b 点。

8．(1) $\sigma_A=43.1\text{MPa}, \sigma_B=32.3\text{MPa}$；(2) $\sigma_{\max}=80.8\text{MPa}$。

9．$d=53\text{mm}$。

10．$[F]=20\text{kN}$。

11．$\sigma_{\max}=84.2\text{MPa}<[\sigma], \tau_{\max}=11.3\text{MPa}<[\tau]$，满足强度要求。

12．$q\leqslant 4\text{kN/m}$。

13．(b)截面形状合理，因该截面处是弯曲和拉伸的组合变形，$m-m$ 截面左侧拉应力大，对铸铁应降低拉应力提高压应力。

14．"T"形状合理，因该梁处于弯曲状态，上面受拉、下面受压，而铸铁的性能是耐压不耐拉。

15．$\sigma_{\max}=144.5\text{MPa}<[\sigma]$；满足强度要求。

16．选 16 号工字钢。

17．$h\geqslant 262\text{mm}$。

模块 5

1．$F_1=2\text{kN}, F_2=4\text{kN}, F_A=-9\text{kN}, F_B=3\text{kN}$。

2．$F=2\text{kN}, F_{Az}=-1.2\text{kN}, F_{Bz}=-0.8\text{kN}, F_{Ay}=-0.32\text{kN}, F_{By}=1.12\text{kN}$。

3．$F_{Ct}=5\text{kN}, F_{Dz}=12.58\text{kN}, F_{Bz}=-0.76\text{kN}, F_{Dy}=6.75\text{kN}, F_{By}=1.89\text{kN}$。

4．$F_{t2}=2.19\text{kN}, F_{Az}=0.38\text{kN}, F_{Bz}=-0.16\text{kN}, F_{Ax}=2\text{kN}, F_{Bx}=1.77\text{kN}$。

5．(a) 正确，其余错误。

6．（略）。

7．若将轮 A 和轮 C 位置对调，可降低最大扭矩，对轴的受力有利。

8．(1) $\tau=96\text{MPa}$；(2) $\tau_{\max}=120\text{MPa}$；(3) $\tau_{AB\max}=234\text{MPa}$。

9．$\tau_{\max}=47.7\text{MPa}<[\tau], \theta_{\max}=1.7(°)/\text{m}<[\theta]$，轴安全。

10．$d\geqslant 70\text{mm}$。

11．$[P]=14\text{kW}$。

12. $d \geqslant 25.9\text{mm}$。

13. $\sigma_{r3} = 83.91\text{MPa} < [\sigma]$。

14. $F_t = 4.8\text{kN}, F_r = 1.7\text{kN}, d \geqslant 41.78\text{mm}$。

模块 6

1. $x_C = 0, y_C = 39\text{mm}$。

2. $z_C = 0, y_C = 160\text{mm}$。

3. (a) $x_C = 0, y_C = 60.77\text{mm}$；(b) $x_C = 110\text{mm}, y_C = 0$；(c) $x_C = 51.17\text{mm}, y_C = 101.17\text{mm}$。

4. ～8. （略）。

9. $\sigma_{d\max} = \rho g l \left(1 + \dfrac{a}{g}\right)$。

10. $\sigma_{da} : \sigma_{db} : \sigma_{dc} = 21 : 20.5 : 25.75$。

11. ～13. （略）。

参 考 文 献

[1] 王洪.工程力学[M].北京:清华大学出版社,2005.
[2] 王军.机械设计基础[M].北京:科学出版社,2008.